Eficiencia energética en las instalaciones de climatización en los edificios

Roberto Pérez Huguet

ic editorial

Eficiencia energética en las instalaciones de climatización en los edificios

1ª Edición

Editado por: IC Editorial
c/ Cueva de Viera, 2, Local 3
Centro Negocios CADI
29200 Antequera (Málaga)
Teléfono: 952 70 60 04
Fax: 952 84 55 03
Correo electrónico: iceditorial@iceditorial.com
Internet: www.iceditorial.com

ISBN: 978-84-1184-834-3
Depósito Legal: MA 817-2025

Impresión: PODiPrint
Impreso en Andalucía – España

Nota de la editorial: IC Editorial pertenece a Innovación y Cualificación S. L.

Presentación del manual

El **Certificado de Profesionalidad** es el instrumento de acreditación, en el ámbito de la Administración laboral, de las cualificaciones profesionales del Catálogo Nacional de Cualificaciones Profesionales adquiridas a través de procesos formativos o del proceso de reconocimiento de la experiencia laboral y de vías no formales de formación.

El elemento mínimo acreditable es la **Unidad de Competencia.** La suma de las acreditaciones de las unidades de competencia conforma la acreditación de la competencia general.

Una **Unidad de Competencia** se define como una agrupación de tareas productivas específica que realiza el profesional. Las diferentes unidades de competencia de un certificado de profesionalidad conforman la **Competencia General,** definiendo el conjunto de conocimientos y capacidades que permiten el ejercicio de una actividad profesional determinada.

Cada **Unidad de Competencia** lleva asociado un **Módulo Formativo,** donde se describe la formación necesaria para adquirir esa **Unidad de Competencia,** pudiendo dividirse en **Unidades Formativas.**

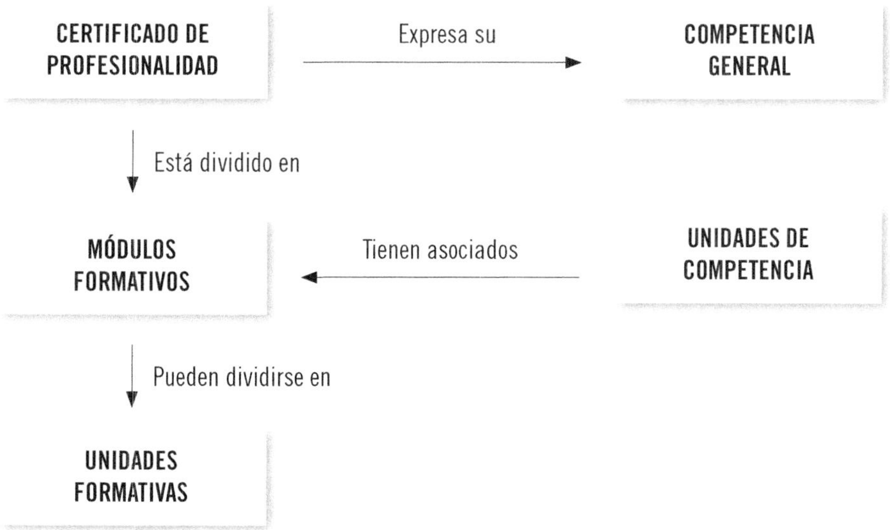

El presente manual desarrolla la Unidad Formativa **UF0566: Eficiencia energética en las instalaciones de climatización en los edificios,**

perteneciente al Módulo Formativo **MF1194_3: Evaluación de la eficiencia energética de las instalaciones en edificios,**

asociado a la unidad de competencia **UC1194_3: Evaluar la eficiencia energética de las instalaciones de edificios,**

del Certificado de Profesionalidad **Eficiencia energética de edificios.**

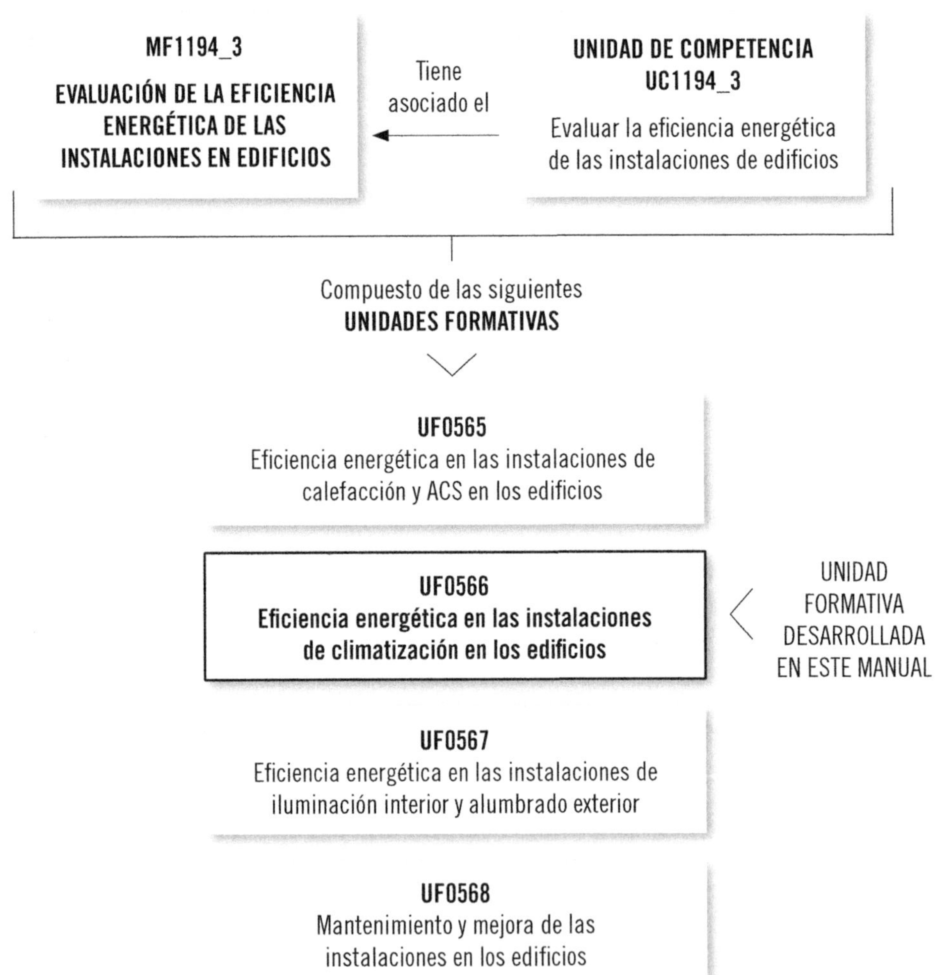

FICHA DE CERTIFICADO DE PROFESIONALIDAD

(ENAC0108) EFICIENCIA ENERGÉTICA DE EDIFICIOS (R. D. 643/2011, 9 de mayo)

COMPETENCIA GENERAL: Gestionar el uso eficiente de la energía, evaluando la eficiencia de las instalaciones de energía y agua en edificios, colaborando en el proceso de certificación energética de edificios, determinando la viabilidad de implantación de instalaciones solares, promocionando el uso eficiente de la energía y realizando propuestas de mejora, con la calidad exigida, cumpliendo la reglamentación vigente y en condiciones de seguridad.

Cualificación profesional de referencia	Unidades de competencia		Ocupaciones o puestos de trabajo relacionados:
ENA358_3 EFICIENCIA ENERGÉTICA DE EDIFICIOS (R. D. 1698/2007, de 14 de diciembre de 2007)	UC1194_3	Evaluar la eficiencia energética de las instalaciones de edificios.	• Gestor energético • Promotor de programas de eficiencia energética • Ayudante de procesos de certificación energética de edificios • Técnico de eficiencia energética de edificios
	UC1195_3	Colaborar en el proceso de certificación energética de edificios.	
	UC1196_3	Gestionar el uso eficiente del agua en edificación.	
	UC1197_3	Promover el uso eficiente de la energía.	
	UC0842_3	Determinar la viabilidad de proyectos de instalaciones solares.	

Correspondencia con el Catálogo Modular de Formación Profesional		
Módulos certificado	Unidades formativas	Horas
MF1194_3: Evaluación de la eficiencia energética de las instalaciones en edificios	UF0565: Eficiencia energética en las instalaciones de calefacción y ACS en los edificios	90
	UF0566: Eficiencia energética en las instalaciones de climatización en los edificios	90
	UF0567: Eficiencia energética en las instalaciones de iluminación interior y alumbrado exterior	60
	UF0568: Mantenimiento y mejora de las instalaciones en los edificios	60
MF1195_3: Certificación energética de edificios	UF0569: Edificación y eficiencia energética en los edificios	90
	UF0570: Calificación energética de los edificios	60
	UF0571: Programas informáticos en eficiencia energética en edificios	90
MF1196_3: Eficiencia en el uso del agua en edificios	UF0572: Instalaciones eficientes de suministro de agua y saneamiento en edificios	60
	UF0573: Mantenimiento eficiente de las instalaciones de suministro de agua y saneamiento en edificios	40
MF1197_3: Promoción del uso eficiente de la energía en edificios		40
MF0842_3: Estudios de viabilidad de instalaciones solares	UF0212: Determinación del potencial solar	40
	UF0213: Necesidades energéticas y propuestas de instalaciones solares	80
MP0122 Módulo de prácticas profesionales no laborales		120

Índice

Capítulo 4
Equipos terminales de climatización

Capítulo 5
Regulación y control de instalaciones de calor y frío

Capítulo 6
Diseño eficiente de las instalaciones de climatización

Capítulo 7
Rendimiento y eficiencia energética de los elementos de las instalaciones de climatización

Capítulo 1

Fundamentos termodinámicos de la refrigeración

Contenido

1. Introducción

Un sistema de refrigeración es un sistema destinado a intercambiar el calor con el medio que lo rodea, mediante distintos procesos que provocan dicho intercambio de temperatura.

Las máquinas frigoríficas, encargadas de refrigerar los sistemas que tienen asociados, generan una gran cantidad de calor, debido al consumo de energía mecánica que tienen sus componentes. Los motores térmicos se encargan de generar energía mecánica mediante el consumo del calor.

En la presente unidad de aprendizaje se centrarán los contenidos en las distintas formas de trabajo empleadas en los sistemas de refrigeración.

Cuando se habla de sistemas de refrigeración no se debe pasar por alto la importancia que adquiere la humedad existente en el ambiente que contribuye al bienestar de las personas y que tiene una alta repercusión en la selección de los equipos de refrigeración.

2. Termodinámica de los ciclos de refrigeración

Un sistema de refrigeración se puede definir como el sistema mediante el cual se absorbe el calor de un objeto o de un espacio para reducir su temperatura o enfriarlo.

Para la producción del frío se pueden utilizar distintos procesos, que se clasifican en dos grupos:

- **Procesos físicos de producción de frío,** que reducen la temperatura gracias al uso de distintos fenómenos físicos como la expansión o circulación de fluidos. Son los utilizados de forma más habitual en los sistemas de refrigeración.
- **Procesos químicos,** que se basan en el uso de disolventes o disoluciones salinas que tienen la capacidad de absorber el calor del medio que los rodea. Estos procesos pueden alcanzar temperaturas mayores que los procesos físicos.

Recuerde

La producción de frío es un fenómeno térmico en el que se trata de sustraer el calor del cuerpo y no suministrarle frío.

2.1. Clasificación de los procesos físicos de refrigeración

Los procesos físicos son los más utilizados, debido a que los procesos químicos no se pueden mantener de forma continua, puesto que, una vez que se producen las reacciones de los elementos, estas finalizan, motivo por el cual se deben apoyar en procesos físicos para aprovechar sus beneficios.

Dentro de los procesos físicos se pueden encontrar los siguientes sistemas:

- **Sistemas de elevación de la temperatura:** mediante el uso de un fluido frigorígeno, como el nitrato de amonio, se genera el frío necesario para conseguir el descenso de la temperatura mediante la captación del calor del producto que se quiere enfriar.
- **Sistemas de cambio de estado:** dependen del calor generado cuando se produce el cambio de estado. Pueden ser:
    - **Sistemas de fusión:** procesos en los cuales el elemento refrigerante pasa de un estado sólido a uno líquido.
    - **Sistemas de sublimación:** procesos en los cuales el elemento refrigerante pasa de estado sólido a gaseoso.
- **Sistemas de vaporización:** procesos en los cuales un líquido pasa de un estado líquido a uno gaseoso, una vez que ha absorbido el calor del objeto o del espacio que se desea enfriar. Estos sistemas habitualmente requieren de un aporte extraordinario de energía externa. Se pueden clasificar en:

- **Sistemas de circuito abierto:** el fluido absorbe el calor hasta que se convierte en vapor, lo que provoca que no se pueda volver a utilizar. Este proceso también se denomina de vaporización directa.
- **Sistemas de circuito cerrado:** el fluido evaporado se recupera y vuelve a un estado líquido para que sea reutilizado.

Actividades

1. Realice un esquema en el que se reflejen los distintos procesos físicos y químicos usados en los sistemas de refrigeración.
2. Investigue el motivo por el cual se echa sal en las carreteras como elemento preventivo antes de que se produzca una nevada. ¿Qué tipo de sal se utiliza en este caso?

2.2. Propiedades termodinámicas de los sistemas de refrigeración

Los procesos físicos utilizados por un sistema de refrigeración se consideran procesos termodinámicos en los que el sistema vuelve a su situación inicial una vez que ha llevado a cabo dichos procesos, lo cual provoca un cambio en las propiedades termodinámicas del sistema.

Definición

Termodinámica
Parte de la física que estudia los estados de equilibrio, definidos por magnitudes que dependen del tamaño del sistema, como la energía interna, la entropía o el volumen, y por magnitudes que no dependen del tamaño del sistema, como la temperatura y la presión.

En un sistema de refrigeración se deben tener en cuenta las siguientes propiedades termodinámicas:

- **Entalpía (H):** se corresponde con la cantidad de energía que un sistema puede intercambiar con su entorno. Se mide en julios (J).
- **Entropía (S):** cantidad de energía que no puede utilizarse para producir trabajo. Se mide en julios por kelvin (J/K).
- **Presión (P)** del fluido caloportador, tanto si este es líquido o gaseoso. Se mide en pascales (Pa) o en atmósferas (atm).
- **Temperatura (T)** de los focos de calor y del fluido caloportador. Se mide en grados kelvin (K). Un grado kelvin equivale a 273 °C.
- **Volumen (V)** del fluido caloportador, tanto si este es líquido como si es gaseoso. Se mide en metros cúbicos (m^3) o en litros (l). Un litro corresponde con la milésima parte de un metro cúbico.

En todo ciclo termodinámico se encontrarán presentes, como mínimo, un foco frío y otro caliente, que corresponderán con una menor y mayor temperatura, respectivamente.

Importante

De manera natural, el calor fluye desde el foco caliente hacia el frío, mientras que en los sistemas de refrigeración el calor se transmite desde el foco frío hacia el caliente.

2.3. Las leyes de la termodinámica

Las leyes o principios de la termodinámica establecen la relación que existe entre las magnitudes físicas correspondientes a la entropía, la energía y la temperatura.

En todo ciclo termodinámico se cumplen las cuatro leyes en las que se basa la termodinámica, que son las que se muestran a continuación.

Ley cero de la termodinámica

También llamada **ley del equilibrio térmico,** establece que entre dos cuerpos que se encuentran a la misma temperatura no se producirá intercambio de calor.

Ejemplo

Cuando se vierte un líquido frío en un vaso a temperatura ambiente, al cabo de un tiempo ambos adquirirán la misma temperatura, momento en el que se habrá producido el equilibro térmico. No se producirá ya intercambio de calor entre ellos.

Primera ley de la termodinámica

También llamada **principio de conservación de la energía,** establece que la energía ni se crea ni se destruye, solo se transforma en otro tipo de energía.

Al suministrar una cantidad determinada de calor (Q) a un sistema físico, la cantidad total de energía puede calcularse como la diferencia existente entre el calor suministrado y el trabajo (W) efectuado por el sistema sobre sus alrededores.

Se expresa en la siguiente fórmula:

$$\Delta U = Q - W$$

Si se pone una olla con agua al fuego y se calienta, el calor transmitido al interior de esta genera vapor de agua, debido al aumento de la energía interna del líquido, lo que provoca una fuerza en las paredes de la olla y el giro de la válvula rotatoria, además de un cambio de estado del líquido, que pasa a vapor.

Segunda ley de la termodinámica

Esta ley establece que solo se puede realizar un trabajo cuando el calor pasa de un cuerpo caliente a uno de menor temperatura, hasta que ambos alcanzan el equilibrio de temperaturas.

De acuerdo con esta segunda ley, se puede afirmar que, para que el calor fluya desde un foco frío hacia otro caliente, hay que aplicar un trabajo al sistema de refrigeración.

Si introducimos una pluma estilográfica en un vaso con agua, la tinta se diluirá en el agua. Posteriormente la tinta no podrá separarse a no ser que se utilice algún tratamiento.

Tercera ley de la termodinámica

Esta última ley enuncia que no existen procesos capaces de reducir la temperatura de un sistema hasta alcanzar el cero absoluto, que se corresponde con –273 °C, en una cantidad finita de etapas.

Recuerde

La unidad de temperatura utilizada en la termodinámica son los grados kelvin (K).

2.4. Los procesos termodinámicos

Un proceso termodinámico es el seguido por un sistema que parte de unas condiciones iniciales y alcanza otras finales debido a los cambios que se llevan a cabo en el sistema.

Se pueden encontrar distintos procesos termodinámicos, según varíen las propiedades del sistema. Los más importantes son:

- **Procesos adiabáticos:** no existe la transferencia de calor entre el fluido caloportador y los focos.
- **Procesos isobáricos:** no varía la presión del fluido caloportador.
- **Procesos isocóricos:** no varía el volumen del fluido caloportador.
- **Procesos isoentálpicos:** no varía la entalpía.
- **Procesos isotérmicos:** no varía la temperatura del fluido caloportador.

Para representar los ciclos termodinámicos, se utilizan los diagramas de presión-volumen (P-V) y los diagramas de temperatura-entropía (T-E).

2.5. Ciclos termodinámicos usados en refrigeración

En todo ciclo termodinámico existe, al menos, un foco frío y un foco caliente que tienen temperaturas diferentes. Este último foco es el que presenta la más alta de los dos.

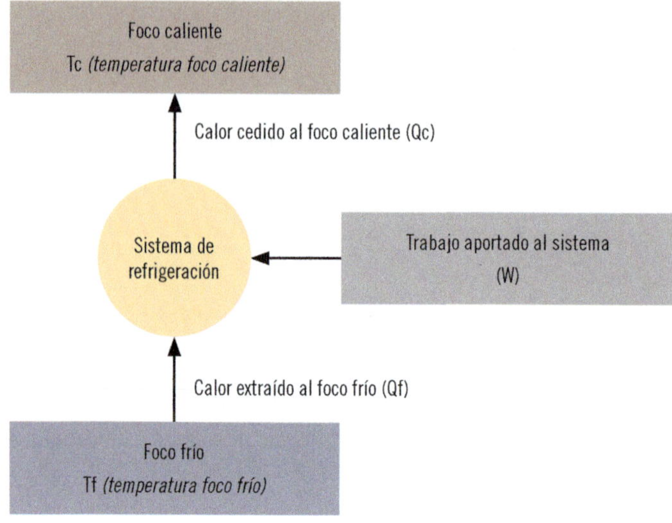

Esquema de un ciclo de refrigeración

Atendiendo al esquema anterior, se puede establecer que una máquina generadora de frío, al realizar un trabajo (W), extrae el calor (Qf) del foco frío que tiene una temperatura inferior (Tf) y envía este calor (Qc) al foco caliente, que tiene una temperatura más alta.

Cuando se realiza el ciclo inverso porque se necesita aportar calor al recinto que se pretende calefactar, se invierte el proceso anterior: el equipo trabaja entonces como calefacción o bomba de calor.

Un **ciclo termodinámico** es la sucesión de procesos termodinámicos que se llevan a cabo para conseguir que un sistema, que parte de un estado inicial, vuelva al mismo después de realizar distintos procesos.

Entre los ciclos termodinámicos más utilizados en los sistemas de refrigeración se encuentran los siguientes.

Ciclo de Carnot inverso

Este es un ciclo básico en el que establece que, si se comprime un fluido que lo permita, este cambiará de estado, pasando por los siguientes procesos:

1. **Expansión isotérmica:** el fluido entra en el evaporador en estado líquido y se convierte en vapor casi en su totalidad, absorbiendo una cantidad de calor (Q_f) del recinto que refrigerar o del foco frío. Todo este proceso se desarrolla con una temperatura constante (T_f).
2. **Compresión adiabática:** el fluido aumenta su presión y su temperatura, alcanzando la del foco caliente (T_c). Durante esta compresión, el fluido se convierte totalmente en vapor. Para elevar la presión del fluido es necesario aportarle trabajo al sistema; sin embargo, durante este proceso no se produce intercambio de calor.
3. **Compresión isotérmica:** el fluido entra en el condensador en estado gaseoso, se convierte en estado líquido y cede una cantidad de calor (Q_c) al foco caliente. En este proceso no varían ni la presión ni la temperatura.
4. **Expansión adiabática:** el fluido en estado líquido se expande en la turbina, disminuyendo su presión y su temperatura hasta la temperatura (T_f) del foco frío. Debido a este cambio (expansión), una pequeña parte del fluido se vaporiza. En este proceso se produce una cesión de trabajo del sistema a la turbina sin intercambiar calor.

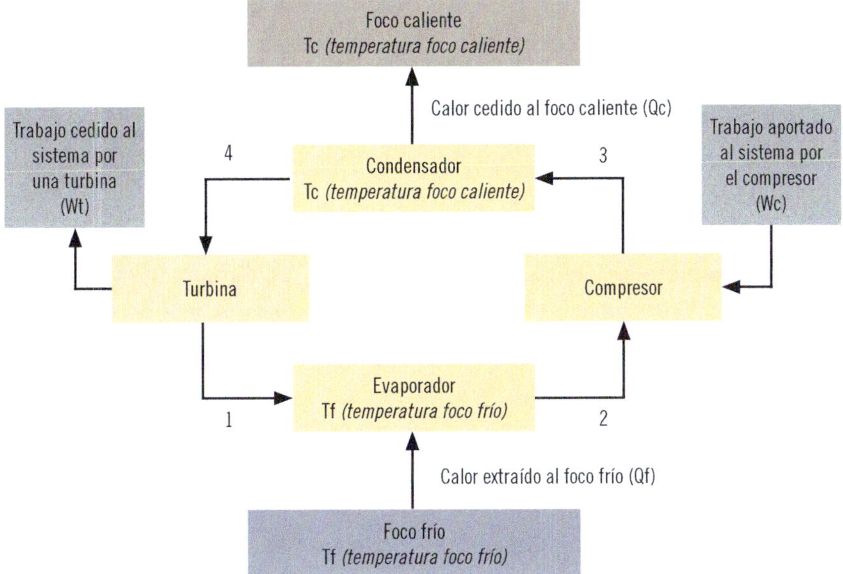

Representación del ciclo de Carnot inverso

El ciclo de Carnot se considera un ciclo ideal o teórico y reversible, puesto que es imposible llevarlo a cabo, ya que no tiene en cuenta los rendimientos debido al funcionamiento del compresor y de la turbina, al considerar que el trabajo del compresor únicamente es producto de la diferencia de temperatura entre los focos. Por esta razón se utiliza para comparar los rendimientos de los distintos ciclos termodinámicos.

3. ¿Por qué al definir el ciclo de Carnot se afirma que este es ideal y reversible?

Ciclo de refrigeración por compresión

El ciclo de refrigeración por compresión consiste en forzar, habitualmente de forma mecánica, la circulación de un fluido por un circuito cerrado en el que existen zonas de alta y baja presión, para lograr que el fluido absorba el calor en un lugar y lo disipe en el otro.

En este ciclo se desarrollan los siguientes procesos:

1. **Compresión adiabática:** el fluido llega al compresor en forma de vapor saturado y gracias al trabajo del compresor se eleva la presión del sistema sin intercambiar calor, aumentando la temperatura por encima de la que tiene el foco más caliente.
2. **Condensación isobárica:** el fluido llega al condensador en forma de vapor sobrecalentado, para enfriarse posteriormente una vez cedida la cantidad de calor (Q_c) al foco caliente, manteniendo contante la presión.
3. **Expansión isoentálpica:** el fluido, que está en estado líquido, disminuye su presión y temperatura al alcanzar la válvula de expansión. En este paso el fluido cambia a estado gaseoso y alcanza la temperatura del foco frío.

4. **Evaporación isobárica:** el fluido entra en el evaporador en estado líquido mayoritariamente, para asegurar la absorción de la mayor cantidad de calor del foco frío. Este proceso mantiene la temperatura y la presión del fluido contante.

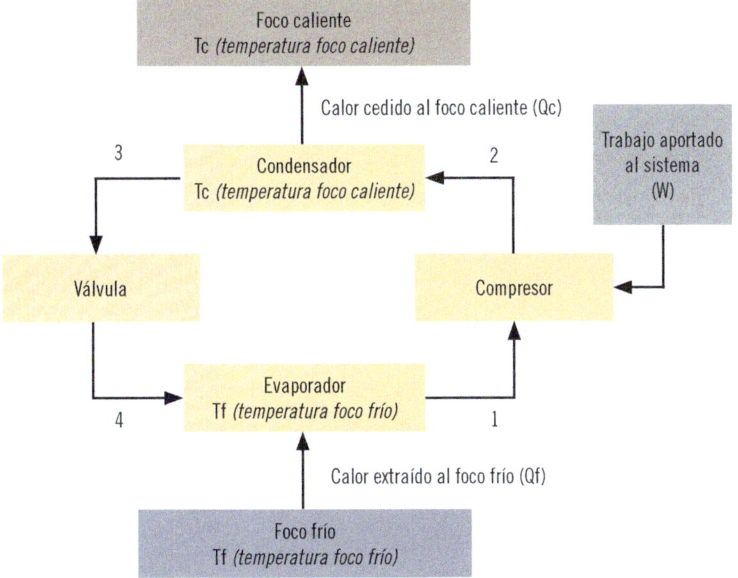

Representación del ciclo de refrigeración por compresión

Aplicación práctica

Los equipos de aire acondicionado que se instalan en las viviendas y empresas habitualmente están compuestos por una unidad interior y otra exterior, utilizando el ciclo de refrigeración por compresión. ¿Qué elementos se encuentran dentro de cada unidad?

SOLUCIÓN

Dentro de la unidad interior se encuentra el evaporador y en la unidad exterior se encuentran el compresor, el condensador y la válvula de expansión.

Ciclo de Joule-Brayton

Este ciclo es similar al de Carnot, pero con la diferencia de que utiliza como fluido caloportador el aire.

En este ciclo se desarrollan los siguientes procesos:

1. **Compresión adiabática:** el aire se comprime usando un compresor, lo que obliga a aportar una energía extraordinaria al sistema para su funcionamiento. En este paso el aire se calienta.
2. **Enfriamiento isobárico:** se produce el enfriamiento del aire, que cede calor al foco caliente. La presión del aire permanece constante.
3. **Expansión adiabática:** el aire que proviene del intercambiador de calor se expande en un pistón o turbina. Este proceso no produce intercambio de calor.
4. **Calentamiento isobárico:** el aire a baja temperatura absorbe el calor del foco frío. Este proceso se lleva a cabo con una presión constante.

3. Higrometría

La higrometría tiene como objetivo la medición de la humedad atmosférica existente en el aire para tratar de asegurar el nivel de confort que hay en una estancia.

Importante

Los sistemas de regulación de temperatura, habitualmente, trabajan mediante el control de la renovación del aire y el ajuste de la humedad relativa presente en este.

La existencia de humedad atmosférica en forma de vapor da lugar a distintas magnitudes, que se encuentran interrelacionadas de forma que, mediante el uso del diagrama psicrométrico, conocidas dos de ellas, es posible averiguar otras.

3.1. Instrumentos de medida

A continuación, se van a mostrar distintos instrumentos para medir la humedad relativa o vapor de agua presente en el aire.

Psicrómetro

Es un equipo de medida más preciso que los higrómetros domésticos. Su finalidad es ofrecer una lectura directa y aproximada de la humedad relativa en el aire.

Los psicrómetros constan de un termómetro de bulbo húmedo y otro de bulbo seco. La humedad relativa del aire se calcula como la diferencia de temperatura entre ambos.

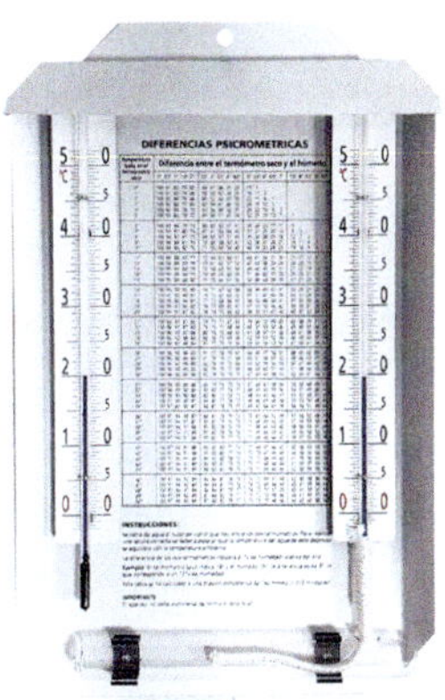

Psicrómetro analógico para la medida de la humedad

Higrómetro de tensión de cabello

Estos dispositivos utilizan un cabello (humano o animal) que está sometido a una pequeña tensión, de forma que, cuando el pelo modifica su humedad, da lugar a un cambio en su longitud, lo que provoca un cambio en el elemento indicador.

Se pueden encontrar higrómetros de este tipo en los denominados "frailes" o "casitas del tiempo" que se pueden encontrar en algunos balcones y fachadas de edificios.

Popular higrómetro conocido como "fraile del tiempo"

Actividades

4. Investigue acerca de los distintos tipos de psicrómetros atendiendo a las condiciones del flujo del aire.
5. Realice una tabla comparativa en la que se recojan las ventajas e inconvenientes de los diferentes tipos de higrómetros.

Sabía que...

La norma UNE-EN ISO 13788:2016 establece distintas categorías de espacios atendiendo a la humedad de estos. Alcanzan el grado máximo las piscinas y las lavanderías, en las que se produce una gran cantidad de humedad.

4. Diagrama psicrométrico

El diagrama psicrométrico es una herramienta de ayuda a conocer las características del aire húmedo que nos rodea, de forma que el control de las variables provoque una sensación agradable de confort.

Importante

Los diagramas psicrométricos son instrumentos importantes en la resolución de problemas relacionados con el tratamiento del aire húmedo presente en las instalaciones climatizadoras.

4.1. Parámetros característicos de la humedad

Para trabajar adecuadamente con un diagrama psicrométrico se deben conocer los siguientes parámetros.

Presión de vapor

El aire que nos rodea es una mezcla de aire seco y vapor de agua que ejerce una presión atmosférica, resultado de sumar las dos presiones anteriores, la del aire seco y la del vapor de agua.

$$P_{atmosférica} = P_{aire\ seco} + P_{vapor\ de\ agua}$$

Humedad absoluta

Es el peso correspondiente a la parte de agua que se encuentra en el aire. Habitualmente se mide en gramos de vapor por metro cúbico de aire (g/m^3).

$$H_a = \text{masa vapor de agua/volumen de aire} = m_v/V_a$$

Humedad específica

Es el peso correspondiente al vapor de agua, en relación con la unidad de masa del aire. Habitualmente se mide en gramos de vapor por kilogramo de aire (g/kg).

$$H_e = \text{masa vapor de agua/masa de aire} = m_v/m_a$$

Humedad relativa

Es la relación entre la masa de vapor de agua que contiene una masa de aire y la que podría tener si estuviese saturado (alcanzando una humedad relativa del 100 %). Se suele medir en porcentaje.

$$H_r = \text{masa vapor de agua/masa vapor de agua saturada} = m_v/m_{vs}$$

Punto de rocío

Temperatura a la que se condensa el agua que se encuentra en el aire (aire seco + vapor de agua).

Temperatura de bulbo húmedo

Temperatura que se obtiene en un termómetro cuyo bulbo está cubierto de una gasa empapada en agua.

En los diagramas psicrométricos se ubica en el lado derecho del diagrama.

Temperatura de bulbo seco

Temperatura que se obtiene en un termómetro cuyo bulbo está al aire, como en los termómetros convencionales.

En los diagramas psicrométricos aparece en el eje horizontal sito en la parte inferior del diagrama.

Entalpía

Cantidad de energía que un sistema termodinámico intercambia con el medio cuando la presión es constante. El aire puede absorber o liberar energía, dependiendo del entorno en el que se encuentre.

Volumen específico

Volumen ocupado por una unidad de masa de aire seco. Corresponde con la inversa de la densidad.

Importante

Existen tantos diagramas psicrométricos como valores posibles de presión atmosférica.

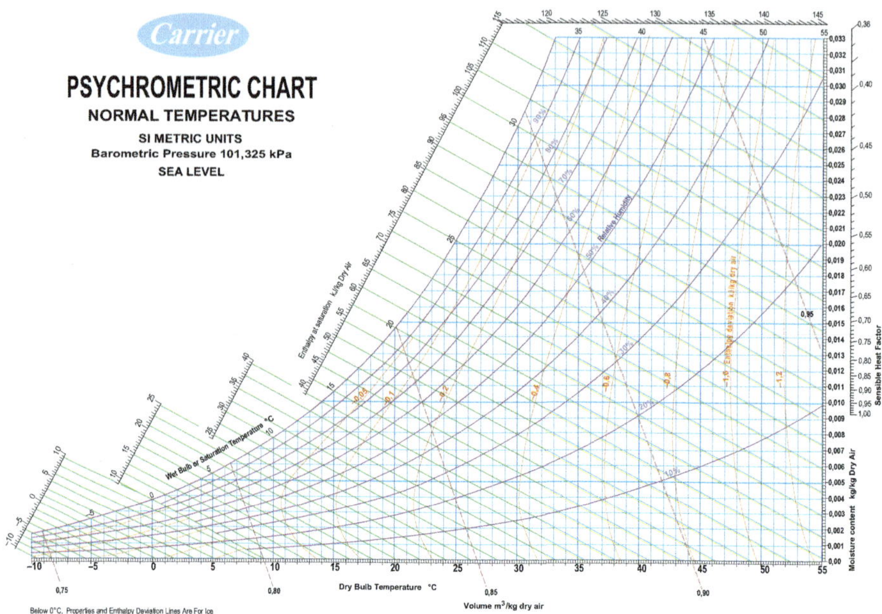

Diagrama psicrométrico

Aplicación práctica

En un habitáculo se ha llevado a cabo una toma de muestra de aire y se han obtenido los siguientes resultados: temperatura de bulbo seco: 35 °C; de bulbo húmedo: 22 °C.

Obtenga el resto de los parámetros utilizando un diagrama psicrométrico correspondiente a una atmósfera de presión atmosférica.

SOLUCIÓN

El primer paso es trasladar los valores obtenidos al diagrama psicrométrico. Así se tiene un punto en el que ambas líneas se cruzan, para posteriormente ir obteniendo el resto de los parámetros.

La humedad relativa se encuentra en la franja comprendida entre el 30 y 40 %, aunque el punto de intersección está más próximo al 30 %, por lo que se podría estimar que su valor es de 32 %.

Continúa en página siguiente >>

<< Viene de página anterior

Para determinar la humedad absoluta, se debe trazar una línea horizontal desde el punto de intersección hasta la derecha del diagrama, con lo que se obtiene un valor de 0,011 kg/kg de aire seco o lo que es lo mismo 11 g/kg.

El volumen específico se determina según la posición del punto de intersección con respecto a las líneas de volumen específico que se encuentra entre 0,85 y 0,90 m3/kg.

El punto de rocío se traza una línea horizontal desde el punto de intersección hacia la izquierda del diagrama, hasta llegar a la escala del punto de rocío, que en este caso corresponde con 15,8 °C.

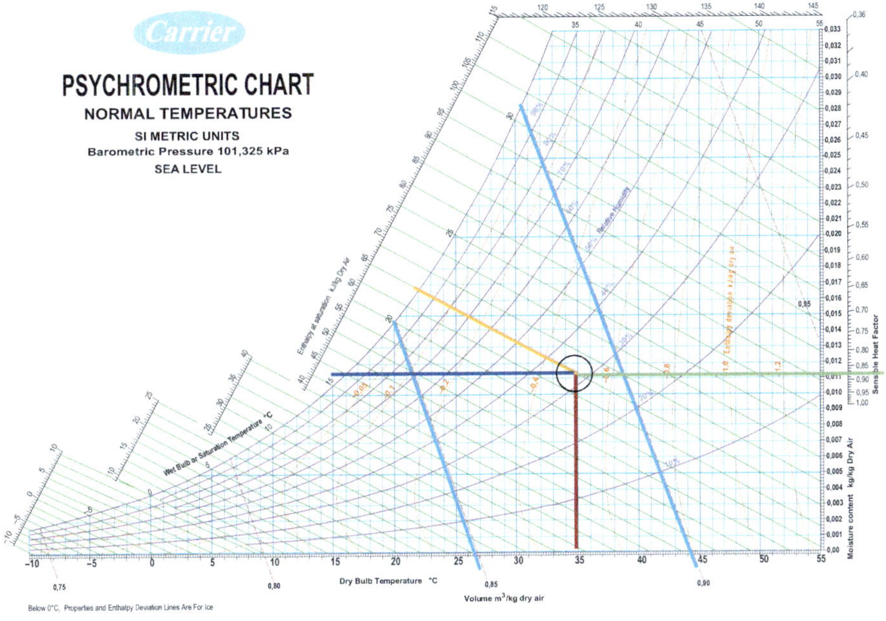

Se pueden encontrar una gran variedad de diagramas psicrométricos en internet, aunque los más utilizados son los desarrollados por la empresa Carrier.

Para saber más

También existen distintas herramientas *online* en las que, mediante la introducción de dos parámetros, se calcula el resto, como es el caso de la página Puedes acceder a ellas a través del siguiente enlace.

https://redirectoronline.com/uf05660101

Aplicación práctica

En un habitáculo se ha llevado a cabo una toma de muestra de aire y se han obtenido los siguientes resultados: temperatura de bulbo seco: 25 °C; de bulbo húmedo: 23 °C.

Obtenga el resto de los parámetros utilizando un diagrama psicrométrico correspondiente a una atmósfera de presión atmosférica.

SOLUCIÓN

El primer paso es trasladar los valores obtenidos al diagrama psicrométrico, con lo que se halla un punto en el que ambas líneas se cruzan, para posteriormente ir obteniendo el resto de los parámetros.

La humedad relativa se encuentra en la franja comprendida entre el 80 y 90 %. Al estar el punto de intersección aproximadamente en la mitad, se podría estimar que su valor es del 85 %.

Continúa en página siguiente >>

<< Viene de página anterior

Para determinar la humedad absoluta, se debe trazar una línea horizontal desde el punto de intersección hasta la derecha del diagrama, con lo que se obtiene un valor de 0,017 kg/kg de aire seco, o lo que es lo mismo, 17 g/kg.

El volumen específico se determina según la posición del punto de intersección con respecto a las líneas de volumen específico que se encuentra entre 0,85 y 0,90 m3/kg.

Para el punto de rocío, se traza una línea horizontal desde el punto de intersección hacia la izquierda del diagrama, hasta llegar a la escala del punto de rocío, que en este caso corresponde con 22 °C.

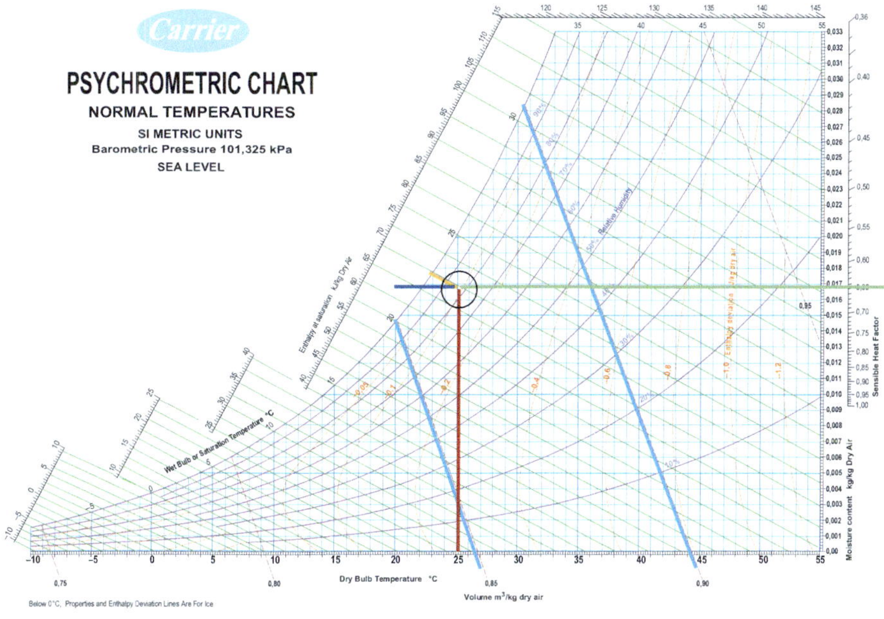

5. Resumen

La producción de frío es un fenómeno mediante el cual se absorbe el calor del objeto o espacio que se desea enfriar. Este proceso se puede llevar a cabo mediante procesos físicos o químicos.

Para los sistemas de refrigeración, se deben tener en cuenta las leyes de la termodinámica, que establecen las relaciones existentes entre la entropía, la energía y la temperatura.

Para los ciclos termodinámicos usados en la refrigeración se necesita obligatoriamente que existan al menos dos focos, uno con mayor temperatura que el otro.

Para medir la humedad relativa se pueden utilizar, entre otros elementos, los psicrómetros y los barómetros. Se seleccionará uno de ellos según la precisión que se quiera tener en la medida obtenida.

Ejercicios de repaso y autoevaluación

1. Indique si las siguientes afirmaciones son verdaderas o falsas:

a. El calor fluye de forma natural desde el foco frío hacia el foco caliente.

- ☐ Falso
- ☐ Verdadero

b. La producción de frío es un fenómeno térmico consistente en portarle frío a un cuerpo.

- ☐ Falso
- ☐ Verdadero

c. La rama de la física que estudia la relación de la entropía, el volumen y la temperatura y la presión, entre otras magnitudes, es la psicrometría.

- ☐ Falso
- ☐ Verdadero

2. Enumere los tipos de procesos que se pueden utilizar para la producción de frío.

____

____

3. ¿Qué tipo de procesos para la producción de frío utilizan disoluciones salinas?

a. Procesos físicos
b. Procesos naturales
c. Procesos químicos
d. Todas las opciones son correctas.

4. **¿Dentro de qué sistema se utiliza un fluido frigorígeno para generar el frío necesario para reducir la temperatura captando el calor del producto que se pretende enfriar?**

5. **Explique el motivo por el que los procesos físicos usados por un sistema de refrigeración se consideran procesos termodinámicos.**

6. **Cuando se hace referencia a la cantidad de energía que se puede utilizar para producir un trabajo se está hablando de...**

   a. ... entalpía.
   b. ... entropía.
   c. ... presión.
   d. ... volumen.

7. **La unidad de medida de los focos de calor y del fluido caloportador se realiza habitualmente en...**

   a. ... atmósferas.
   b. ... grados centígrados.
   c. ... grados kelvin.
   d. ... pascales.

8. **¿Qué elementos se encuentran obligatoriamente en un ciclo termodinámico?**

   a. Un compresor
   b. Un foco caliente
   c. Un foco frío
   d. Las opciones b y c son correctas.

9. **¿Cuál es la finalidad de los principios termodinámicos?**

___

___

10. **¿Cuántas leyes de la termodinámica se cumplen en un ciclo termodinámico?**

    a. Dos
    b. Tres
    c. Cuatro
    d. Seis

11. **La ley de la termodinámica que establece que entre dos cuerpos que están a la misma temperatura no se produce intercambio de calor entre ellos es:**

    a. La ley cero de la termodinámica
    b. La primera ley de la termodinámica
    c. La segunda ley de la termodinámica
    d. La tercera ley de la termodinámica

12. **La ley de la termodinámica que afirma que ningún proceso es capaz de reducir la temperatura de un sistema hasta alcanzar el cero absoluto es:**

    a. La ley cero de la termodinámica
    b. La primera ley de la termodinámica
    c. La segunda ley de la termodinámica
    d. La tercera ley de la termodinámica

13. **Nombre al menos tres procesos termodinámicos atendiendo a la variación de las propiedades del sistema.**

___

___

___

___

14. Explique en qué consiste el ciclo de Carnot inverso.

15. ¿Qué ciclo de refrigeración utiliza como fluido caloportador el aire?

a. Ciclo de Carnot inverso
b. Ciclo de refrigeración por compresión
c. Ciclo de Joule-Brayton
d. Todas las opciones son incorrectas.

Capítulo 2

Instalaciones de climatización

Contenido

1. Introducción

Los sistemas de climatización tienen como finalidad adaptar las estancias a los valores determinados de temperatura seleccionados bien por el usuario o por los sistemas telemáticos.

El objetivo de los sistemas de climatización es generar frío o calor, teniendo en cuenta los ciclos termodinámicos que se vieron en la unidad de aprendizaje anterior, de acuerdo con las condiciones de confort y calidad del aire deseadas.

Los sistemas de climatización pueden trabajar en distintos modos: generación de frío, generación de calor o adecuación de la humedad relativa existente en el ambiente mediante el aporte de aire seco a la estancia que climatizar.

2. Definiciones y clasificación de las instalaciones

Antes de comenzar con el análisis y la clasificación de las distintas tipologías de las instalaciones existentes según los sistemas de climatización, es importante definir algunos de los conceptos que se van a utilizar en este ámbito.

El Reglamento de Instalaciones Térmicas en los Edificios establece que la climatización consiste en darle a un espacio cerrado las condiciones de temperatura, humedad relativa, calidad, limpieza y purificación del aire necesarias para la salud o comodidad de las personas que lo ocupan y para la conservación de los elementos que alberga en su interior.

Al hacer referencia al bienestar n la definición anterior, se debe tener en cuenta que esta depende de tres factores:

- **Aire:** medio con el que interactúan las personas y los elementos del entorno, lo que hace que su temperatura, humedad, velocidad y salubridad influyan en la salud y en el confort de estos. Los equipos de climatización controlan de forma habitual todos estos factores para garantizar la calidad del aire que suministran sus equipos.

- **Espacio:** se deben tener en cuenta las propiedades del espacio que climatizar, puesto que las paredes, los techos y los suelos que rodean el espacio también emiten calor.
- **Condiciones propias de las personas:** la vestimenta, el metabolismo, la aclimatación, el tiempo de permanencia en la estancia y cualquier otra condición personal específica influyen en la comodidad térmica de las personas. Estas condiciones tienen el inconveniente de que no se pueden modificar, debiendo adecuar la climatización de la estancia a sus condiciones. Una persona que viene de correr no puede reducir su temperatura, deberá esperar a que el cuerpo la reduzca, de la misma forma que una persona que utilice un pijama de invierno en verano no podrá modificar sus condiciones hasta que no utilice un pijama de verano.

Recuerde

Climatizar consiste en conseguir que un espacio alcance las condiciones de confort para que los usuarios que se encuentren en la misma estén cómodos.

Además de los conceptos anteriores, que están relacionados mayoritariamente con la climatización, no hay que olvidar que la arquitectura también influye en las condiciones ambientales de la estancia que climatizar, por lo que se deben controlar los siguientes aspectos:

- **La electrónica:** cada vez se utilizan una mayor cantidad de aparatos electrónicos que generan calor, sobre todo en los edificios de oficinas y establecimientos comerciales.
- **La iluminación:** estos equipos son una fuente importante de generación de calor, aunque hay que reseñar que la implantación de lámparas led ha favorecido considerablemente la reducción de las temperaturas.
- **La ocupación:** dependiendo del habitáculo que se pretenda climatizar, debe tenerse en cuenta el aforo que tenga, las actividades que se realicen y el tiempo de uso. No es lo mismo una oficina de 15 personas trabajando

4 h que una sala de zumba con la misma cantidad de ocupantes utilizada durante 1 h.

- **La radiación solar:** es habitual encontrarse ubicaciones en las que se ha utilizado en su mayoría el cristal como elemento constructivo en puertas y ventanas, lo que provoca que las radiaciones en invierno y verano deban tenerse en cuenta a la hora de climatizar ese habitáculo.
- **La temperatura exterior:** aunque puede aislarse el edificio, su envolvente siempre generará calor, puesto que, al aplicar la climatización, esta se realiza sobre la estancia, no sobre la estructura, que está sometida a las diferentes temperaturas de los habitáculos que la componen.
- **La ventilación:** un elemento importante es la renovación del aire de las estancias, para lo cual es habitual apoyarse en la ventilación de estas. Esta ventilación puede ser desfavorable para el sistema de climatización si la temperatura exterior es superior a la temperatura establecida en el interior del habitáculo o estancia, o favorable en caso contrario.

Sabía que...

Se estipula que un persona genera entre 80 y 150 W de calor, y que los equipos de iluminación generan entre 1.500 y 25 W/m^2 de calor, según el tipo de luminaria empleada.

2.1. Clasificación de los equipos de refrigeración

Los equipos de refrigeración que se pueden instalar para atender los requerimientos de climatización dependen del tipo de instalación a la que deban dar servicio. Se pueden clasificarse en:

- **Equipos electrodomésticos:** como el congelador o la nevera para conservar los alimentos.
- **Equipos industriales:** dedicados a la refrigeración de las máquinas o al control de temperatura en los procesos productivos.

- **Equipos de refrigeración de edificios:** sistemas destinados a mantener las condiciones de confort en los edificios.

Además de la clasificación anterior dependiendo del equipo de refrigeración utilizado, también se pueden utilizar otros criterios para clasificar los equipos, que se explicarán a continuación.

Según el alcance

La climatización se puede realizar con un equipo individual que genere la energía térmica deseada (calor o frío) por una estancia o un equipo centralizado que genere la energía térmica deseada y la reparta al resto de estancias sobre las que controla las condiciones de confort utilizando los emisores y las conducciones de aire. Atendiendo a dicho alcance se pueden encontrar:

- **Climatización unitaria:** se utilizan equipos que producen y emiten su propia energía térmica, y cuyo rendimiento depende de su tamaño. Son los denominados *splits,* que se caracterizan por no tener equipos de transporte de energía. No suelen controlar adecuadamente la humedad del espacio que climatizar y pueden generar ambientes húmedos o secos en los habitáculos que refrigerar.
- **Climatización centralizada:** se utilizan equipos independientes para la generación, habitualmente situados en el exterior, y que contienen el compresor, el condensador y los evaporadores, que se colocan en cada uno de los habitáculos que climatizar, haciendo llegar la energía térmica mediante los emisores. Tienen un mejor rendimiento que los sistemas de climatización individual. Se utilizan en centros comerciales, viviendas unifamiliares o centros escolares.

Según el fluido refrigerante

Dependiendo del fluido que esté en contacto con el condensador, se puede realizar la siguiente clasificación:

- **Sistemas aire-aire:** equipos que utilizan el aire para provocar la evaporación del refrigerante y para producir la condensación del fluido refrigerante.

- **Sistemas aire-agua:** estos equipos utilizan aire para provocar la evaporación del refrigerante y agua para producir la condensación del refrigerante.

Según el tipo de expansión

Atendiendo al tipo de expansión, los equipos se pueden clasificar en:

- **Equipos de expansión directa:** trasladan el calor del interior hacia el exterior para que el refrigerante lo absorba, dependiendo si el sistema debe proporcionar frío o calor. Habitualmente se componen de dos elementos; uno interior, ubicado en la zona que climatizar, y otra exterior, cuya unidad contiene el compresor y el condensador.
- **Equipos de expansión indirecta:** equipos que intercambian el calor del aire que acondicionar y el refrigerante usando el agua, el aire o un fluido refrigerante como fluido intermedio.

Según la capacidad de generar frío o calor

Dependiendo de la capacidad de los equipos de generar frío o calor, se pueden agrupar en:

- **Equipos reversibles:** son aquellos que pueden generar frío y calor, para lo cual se produce un cambio de ciclo, o produce frío o produce calor, es imposible que genere ambos a la vez.
- **Equipos no reversibles:** son los equipos que únicamente pueden generar frío.

Según las unidades

Dependiendo de las unidades que compongan los equipos, estos se pueden clasificar en:

- **Equipos compactos:** están formados únicamente por una unidad que alberga todos los elementos que componen el sistema de refrigeración.
- **Equipos divididos:** equipos conformados por una unidad exterior y varias unidades interiores o *splits.* Dentro de la unidad exterior se encuentra

el compresor, el condensador y un ventilador, mientras que en la unidad interior se ubican el evaporador y el ventilador, para forzar la circulación del aire de la estancia a climatizar.

Según la proyección del aire tratado

Existen ocasiones en las que los equipos pueden o no estar cerca del habitáculo que climatizar, por lo que se pueden encontrar:

- **Equipos indirectos:** el aire se envía al habitáculo que climatizar mediante los conductos.
- **Equipos directos:** el aire se envía directamente al habitáculo que climatizar.

Aplicación práctica

Le han llamado para que climatice un salón de actos de 500 m2 en el que se va a proyectar una película a la que se espera que asistan 400 personas. El primer paso que quiere llevar a cabo es calcular el calor generado, para poder determinar posteriormente el sistema de climatización más adecuado.

¿Qué cantidad de calor, aproximadamente, estimaría de acuerdo con las condiciones establecidas en el enunciado?

SOLUCIÓN

Al ser un salón de actos, en el que se espera que todas las personas vean la película sentados, se puede estimar que cada persona genera 80 W de calor. Al ser una proyección, la sala permanecerá con un nivel bajo de iluminación, lo que permite establecer en 20 W/m^2, por lo que el calor estimado, debido a la ocupación y a la iluminación, será:

Continúa en página siguiente >>

<< Viene de página anterior

$$Q_{ocupación} = \text{n.º personas x consumo personal}$$
$$Q_{ocupación} = 400 \text{ x } 80$$
$$Q_{ocupación} = 32.000 \text{ W}$$
$$Q_{iluminación} = \text{superficie x consumo iluminación}$$
$$Q_{iluminación} = 500 \text{ x } 20$$
$$Q_{iluminación} = 10.000 \text{ W}$$
$$Q_{Total} = Q_{personas} + Q_{iluminación}$$
$$Q_{Total} = 32.000 + 10.000$$
$$Q_{Total} = 42.000 \text{ W}$$

Este calor, en el caso de que en el exterior haga frío, será favorable al sistema, puesto que es calor que no deberá aportar el sistema. Sin embargo, si es en verano, provocará que el sistema de refrigeración tenga que evacuar esa cantidad de calor, lo que le dará un trabajo extra al equipo.

Actividades

1. Analice las ventajas e inconvenientes del uso de sistemas de climatización unitarios y centralizadas.
2. Realice una tabla comparativa en la que se recojan las ventajas e inconvenientes de los sistemas directos e indirectos.
3. Estudie el motivo por el cual a los equipos de expansión directa se les denomina equipos autónomos.
4. Observe los equipos de climatización existentes en su edificio o en otros cercanos y ordénelos atendiendo a los sistemas de clasificación expuestos.

3. Partes y elementos constituyentes

Los sistemas de climatización tienen como misión fundamental refrigerar la zona asignada, para lo cual están integrados por distintas unidades según sea la labor que tengan que desempeñar.

Entre estas unidades se encuentran las siguientes:

- **Generación de frío:** su misión es generar el frío necesario mediante el acondicionamiento del fluido frigorígeno, para conducirlo posteriormente a los equipos terminales de la instalación.
- **Elementos de transporte o tratamiento:** sirven como elementos intermedios de conexión entre el equipo central y los terminales. Dentro de este grupo se encuentran las canalizaciones de transporte primario (agua), de tratamiento (UTA), las de transporte secundario (aire) y todos los elementos accesorios necesarios que garantizan un funcionamiento correcto de la instalación.
- **Elementos terminales:** situados en el propio habitáculo que refrigerar o en sus inmediaciones, deben garantizar la impulsión y difusión del aire frío a ese lugar. Dependiendo de la modalidad de transporte utilizada, puede ser un evaporador, un *fancoil* o una rejilla de difusión, si el sistema trabaja exclusivamente con aire.
- **Equipos de control y regulación:** equipos destinados a garantizar que el sistema funcione correctamente. Mediante ellos se establecen los parámetros de confort deseados. Dentro de este grupo se pueden encontrar también los equipos de seguridad, que protegen los equipos contra fallos y averías de mal funcionamiento.

En infinidad de equipos se puede encontrar que estos son capaces de realizar más de una función, como puede ser el caso de los equipos individuales, que unifican la generación de frío con el elemento terminal en un único dispositivo, omitiendo los equipos de transporte y los de tratamiento de aire.

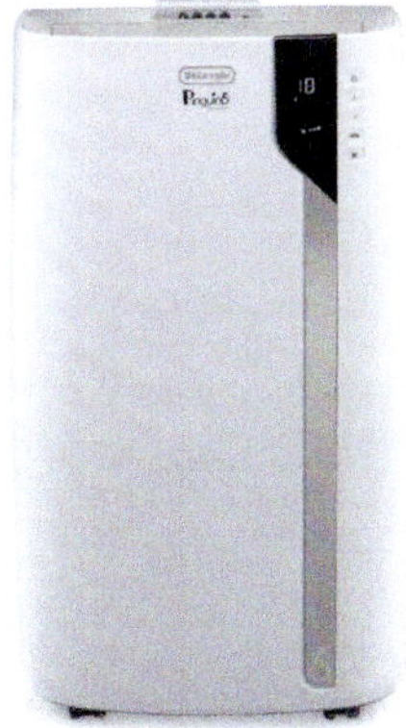

Equipo compacto PACEX93EXTREME de DeLonghi

3.1. Generación de la energía térmica

La energía térmica, como se ha indicado anteriormente, puede ser: positiva, cuando hay un aporte de calor al habitáculo o elemento que climatizar; o negativa, si lo que se quiere aportar es frío al mismo. Dependiendo de la acción que se requiera, se utilizará uno u otro método.

Método de calefacción

Para calefactar la estancia o elemento deseado se utilizan elementos que capten el aire del exterior y lo aporten al interior: son las denominadas "bombas de calor". Habitualmente estos equipos pueden trabajar tanto en modo calefacción como en modo refrigeración.

Método de refrigeración

La refrigeración se puede llevar a cabo mediante cualquiera de los ciclos de compresión o absorción, puesto que ambos transportan el calor del foco frío hacia el caliente usando un refrigerante. Habitualmente estos equipos suelen ser partidos (unidad interior y exterior) tipo *split* o multisplit.

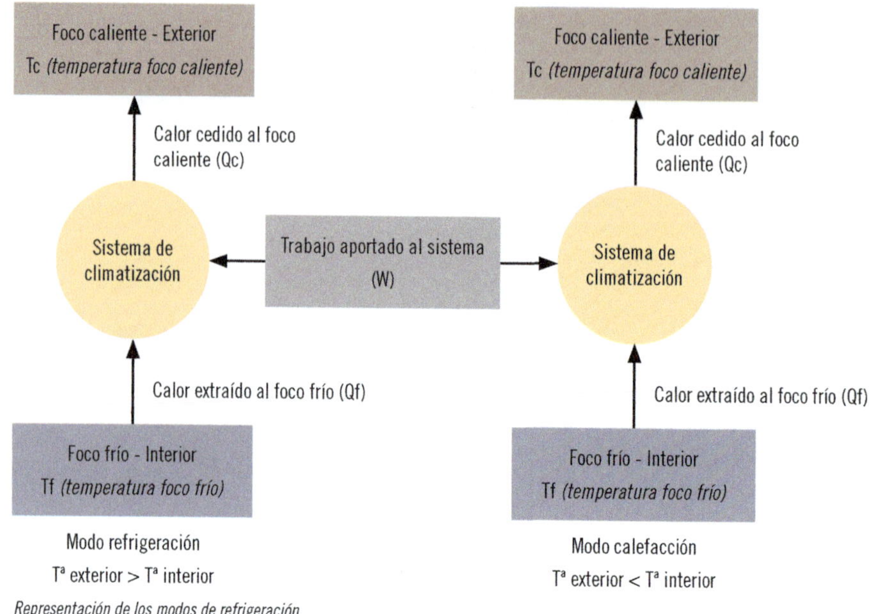

Representación de los modos de refrigeración

3.2. Métodos de transporte de calor

Una vez que se ha generado la energía térmica, esta debe ser transportada a los puntos de la instalación y entregada a las unidades de tratamiento o terminales que correspondan. Este transporte de calor se realizará a través de tuberías de acero, cobre o materiales plásticos mediante la circulación de agua o líquidos refrigerantes.

Dentro del transporte de la energía térmica se pueden encontrar tres modos, atendiendo al número de tuberías utilizadas:

- **Sistemas de dos tuberías:** en estos sistemas se puede encontrar una tubería de ida y otra de vuelta del elemento refrigerante (habitualmente agua). Este sistema únicamente puede proporcionar frío o calor de forma exclusiva, no puede trabajar en ambos modos.
- **Sistemas de tres tuberías:** en este sistema se dispone de una tubería que transporta el elemento refrigerante caliente, otra que hace lo mismo con el elemento refrigerante frío y una tercera de retorno en la que se mezcla

el refrigerante. Son sistemas utilizados cuando se necesitan sistemas de refrigeración y calefacción que funcionen de manera simultánea.

- **Sistemas de cuatro tuberías:** este sistema dispone de cuatro tuberías (dos de ida y dos de vuelta). Estos sistemas se utilizan cuando se necesitan ambos modos de refrigeración y calefacción, de forma que cada ubicación trabajará con el modo que necesite, permitiendo, por ejemplo, que un local tenga una aportación de frío y otro de calor.

Los sistemas de tres tuberías se están dejando de utilizar, en beneficio de los de cuatro tuberías.

3.3. Unidades de tratamiento del aire (UTA)

Las unidades de tratamiento del aire, reconocidas por su acrónimo, UTA, son las encargadas de tratar el aire e impulsarlo hacia los habitáculos que climatizar, bien sea a través de una serie de conductos o directamente. Estas unidades no producen energía alguna, únicamente realizan los tratamientos necesarios del aire antes de ser entregado a los habitáculos que tengan asociados.

Habitualmente se sitúan sobre las cubiertas de los edificios y a través de los conductos se hace circular el aire para que llegue a cada estancia o habitáculo que tenga que climatizar.

Además de gestionar el sistema de ventilación del aire en el interior introduciendo aire del exterior las unidades de tratamiento tienen otras funciones:

- **Filtrado y control de la calidad del aire** mediante los filtros purificadores, que serán los que garanticen la pureza o limpieza de este.
- **Control de la temperatura del aire:** es el encargado de regular el sistema de climatización, para que la sensación térmica en el interior sea la deseada.

- **Monitorización de la humedad relativa** para alcanzar el máximo nivel de confort en el interior.
- **Renovación del aire,** en aquellas ocasiones en las que, por la alta ocupación del habitáculo, sea necesario sustituir el aire de este o porque se necesitan unas condiciones específicas para trabajar.

Aunque la configuración de una UTA depende de las necesidades de la instalación a la que deba dar servicio, se pueden establecer los siguientes componentes como los más habituales:

- **Entrada de aire:** elemento encargado de recoger el aire del exterior, que será tratado y distribuido por las estancias.
- **Filtro:** elemento encargado de retener los virus, las bacterias, los olores, las partículas y los contaminantes del aire.
- **Ventilador:** sistema encargado de potenciar el aire para expulsarlo de la UTA hacia los conductos repartidores del aire purificado, para que lleguen a las dependencias asociadas.
- **Intercambiadores térmicos:** dispositivos de transferencia de temperatura entre los fluidos.
- **Batería de refrigeración:** parte de la UTA destinada a enfriar el aire que pasa a través de este módulo. Suele incorporar una bandeja que recoge las gotas de agua que se producen debido a la condensación del aire.
- **Silenciador:** elemento encargado de reducir al máximo posible el ruido que genera el equipo y/o la instalación.
- **Plénums:** espacios en los que se homogeniza el flujo de aire.

Esquema de un ejemplo de configuración de una UTA

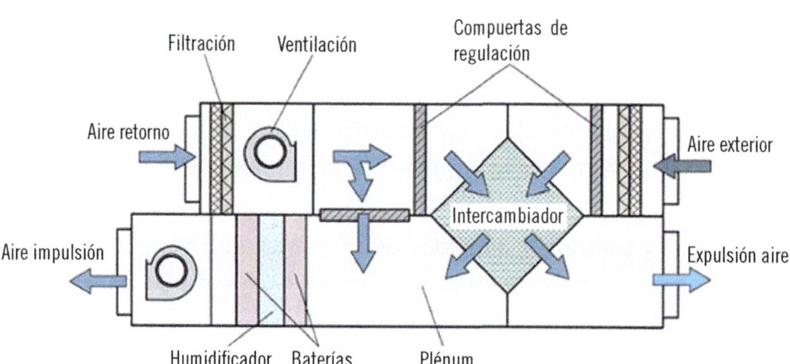

Sabía que...

Las unidades de tratamiento de aire son muy apropiadas para los espacios que requieren unas condiciones de higiene muy altas, como pueden ser los quirófanos, los laboratorios o las industrias alimentarias.

3.4. Conductos de aire

Para transmitir el aire tratado desde las unidades de tratamiento a los habitáculos que se desea climatizar es necesario el uso de los conductos, que comienzan en estas unidades y finalizan en las rejillas de las estancias que climatizar.

Estos conductos suelen ser rectangulares, aunque también se pueden encontrar otros de sección circular. Son habitualmente de chapa galvanizada, fibra de vidrio o de escayola. Estos últimos están en desuso.

Deben tener puntos de registro para proceder a su limpieza o acceder a ellos en el caso de que hubiera que realizar alguna comprobación, así como un aislamiento térmico que evite la pérdida energía por el camino, lo que reduciría considerablemente su eficiencia al final de esa conducción.

Conductos de fibra de vidrio

Se pueden utilizar como conductos los espacios que quedan sobre los falsos techos, denominados **plénums.**

Definición

Plénum

Espacio cerrado en el que existen aires y gases a bajas velocidades y presiones ligeramente superiores a la atmosférica, debidos a la acción de un ventilador o soplador mecánico.

3.5. Sistemas de emisión de aire

Es la última parte de los sistemas de climatización. Están centrados en la emisión del aire tratado mediante las rejillas y difusores en la estancia o habitáculo asociado al sistema.

Es importante que el aire, además de alcanzar la estancia asignada, se difunda por ella, por lo que se debe tratar de que alcance todo el volumen habitable.

Rejilla de sistema industrial de aire

4. Análisis funcional

Como se ha visto en los apartados anteriores, los equipos utilizados para generar frío en un sistema de refrigeración pueden trabajar en dos ciclos diferentes: la refrigeración por compresión o por absorción. Su principal diferencia radica en la manera en la que se realiza el aporte de energía: mientras que en la refrigeración por compresión es necesario aportar energía mecánica generada utilizando energía eléctrica, en el de absorción se puede aprovechar el calor residual generado en otros procesos.

4.1. Ciclo de refrigeración por compresión

Los ciclos de refrigeración por compresión están integrados por cuatro etapas: compresión (compresor), condensación (condensador), válvula de expansión y el evaporador. Este ciclo incorpora un fluido refrigerante (caloportador) que cambia su estado (de líquido a sólido) y su temperatura según atraviesa los distintos elementos del climatizador.

Este ciclo de refrigeración es el más utilizado actualmente y se puede resumir de la siguiente manera:

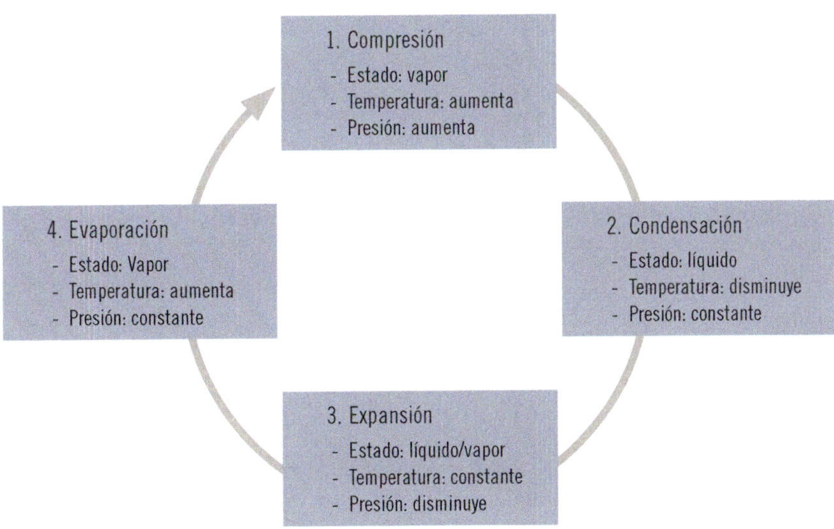

El refrigerante (de forma gaseosa) llega al compresor, que aumenta su temperatura y su presión. El vapor con la alta temperatura es impulsado por el compresor hasta alcanzar el condensador, donde se produce un intercambio de calor mediante la cesión de calor al exterior, lo que provoca que el refrigerante se enfríe.

Una vez enfriado el refrigerante vuelve a transformarse en estado líquido, igualando su temperatura con la temperatura exterior, pero manteniendo la presión. En estas condiciones es en las que el refrigerante llega a la válvula de expansión, en la que se pulveriza, convirtiéndose en una mezcla de líquido y vapor, lo que produce su expansión y su reducción de temperatura.

Una vez que sale de la válvula de expansión, el refrigerante tiene una baja presión y ha reducido su temperatura, por lo que, al hacer pasar aire o agua por el evaporador, este absorberá el calor y se vaporizará de nuevo, cerrando el ciclo.

Es el aire o agua que pasa a través del evaporador, el responsable de bajar la temperatura de la estancia que climatizar.

El ciclo descrito anteriormente corresponde con un ciclo de refrigeración. Si se quisiera describir un ciclo de calefacción, es suficiente con intercambiar el condensador y el evaporador, puesto que el evaporador extraerá el calor del exterior, que lo cederá al interior a través del condensador.

En los ciclos de refrigeración por compresión se utilizan gases y compuestos químicos cuya principal característica es su bajo punto de ebullición, lo que permite los cambios de estado a bajas temperaturas.

Actividades

5. Busque información sobre los distintos tipos de refrigerantes que se pueden utilizar en los sistemas de refrigeración.

4.2. Ciclo de refrigeración por absorción

En este tipo de ciclos se utilizan elementos como el amoniaco o el bromuro de litio, que tienen la capacidad de absorber otras sustancias cuando se encuentran en estado vapor.

El funcionamiento es similar al ciclo de compresión, teniendo en cuenta que se sustituye el compresor por un sistema de absorción. En el generador se encuentra una mezcla compuesta de agua y amoniaco, que se lleva a ebulición a través de un equipo que realiza una aportación térmica, lo que provoca la evaporación del amoniaco y la separación del agua. De esta forma el amoniaco pasa por el condensador, la válvula de expansión y el evaporador, desarrollando el ciclo de refrigeración por compresión. En la salida del evaporador se obtiene amoniaco evaporado, el cual, al pasar por el absorbedor, se vuelve a mezclar con el agua que se ha separado en el generador para conseguir la mezcla de nuevo, que será impulsada mediante una bomba. Con ello comienza el ciclo de nuevo.

En el caso de que se utilice bromuro de litio en vez de amoniaco, hay que tener en cuenta que el refrigerante utilizado será agua y que el bromuro de litio será la sustancia absorbente. El uso del bromuro de litio permite a los equipos trabajar en modo refrigeración o calefacción.

5. Equipos de generación de calor y frío

El elemento más importante en la generación de frío o calor es la maquinaria frigorífica, de forma que garantice que se alcanza la temperatura y los parámetros de confort deseados por el usuario.

Dependiendo del tipo de fluido que se aloje en el condensador y en el evaporador, se puede realizar una clasificación de los sistemas y tipos de climatización, la más habitual atendiendo al medio utilizado para evacuar el calor del sistema.

5.1. Enfriadoras y bombas de calor

Son equipos dedicados al intercambio de energía del exterior al interior de la estancia con el objetivo de climatizarla. Estos equipos suelen ser reversibles, tienen la capacidad de generar frío o calor, para lo cual se utilizará una enfriadora o una bomba de calor, respectivamente.

Estos equipos, para desarrollar esta doble función, utilizan una válvula de cuatro vías, que es la responsable de invertir el ciclo termodinámico, lo que obliga a que el compresor y la válvula de expansión tengan la capacidad de funcionar en ambos sentidos.

Válvulas de cuatro vías

Las válvulas de cuatro vías son los elementos que permiten que un equipo sea reversible, que pueda funcionar en ambos modos, refrigeración o calefacción.

Su misión principal es invertir la circulación del elemento refrigerante en el circuito frigorífico, para que el condensador pase a funcionar como evaporador y el evaporador lo haga como condensador.

Cada una de las vías que integran la válvula tienen una misión y debe conectarse a un elemento específico del circuito, como se recoge en la siguiente imagen.

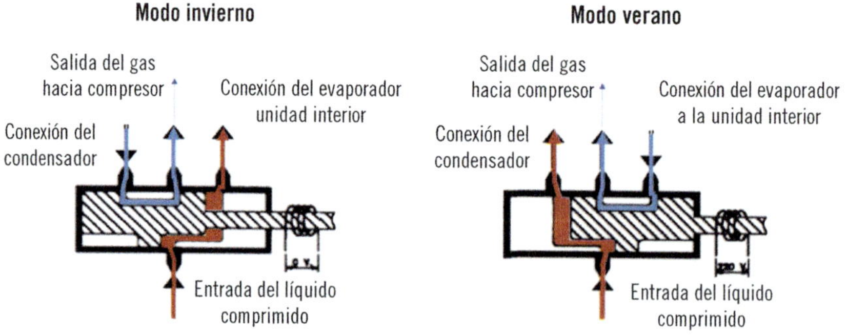

Funcionamiento de una válvula de cuatro vías en invierno (izquierda, modo calefacción) y en verano (derecha, modo refrigeración)

Recuerde

La diferencia entre las enfriadoras y las bombas de calor es el sentido del flujo del refrigerante.

Actividades

6. Realice un esquema en el que se recoja el proceso de funcionamiento de los equipos enfriadores y las bombas de calor, mostrando las diferencias de funcionamiento.
7. Investigue si eliminando la válvula de cuatro vías y haciendo girar el compresor en sentido contrario se conseguiría el mismo efecto.

Aplicación práctica

De acuerdo con los esquemas representados en la imagen siguiente, identifique los elementos que intervienen en ambos modos de trabajo.

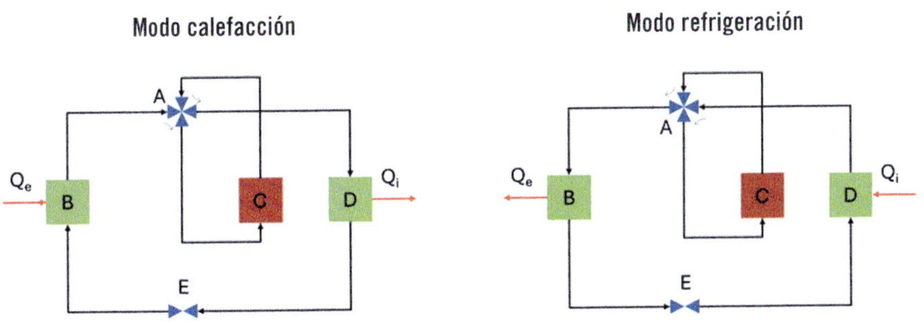

Continúa en página siguiente >>

<< Viene de página anterior

SOLUCIÓN

A – Válvula de cuatro vías
B – Intercambiador de calor con el exterior
C – Compresor
D – Intercambiador de calor con el interior
E – Válvula de expansión
Q_e – Calor absorbido del exterior
Q_i – Calor cedido al interior

5.2. Equipos aire-aire

Estos equipos tienen como fluido caloportador el aire en el circuito condensador y evaporador. El problema es que no son capaces de renovar el aire y la humedad del habitáculo que climatizar, porque únicamente pueden impulsar y difundir el aire fresco al anterior.

Este tipo de equipos están compuestos de tres partes principalmente: el circuito frigorífico, los ventiladores y los equipos electrónicos o de control de este.

Entre los equipos de este tipo se encuentran los equipos autónomos compactos, los autónomos partidos y los sistemas centralizados aire-aire.

Circuito frigorífico

Es el elemento más importante, puesto que realiza el ciclo de compresión. Por él circulará el elemento refrigerante.

Está compuesto de:

- **Compresor:** puede ser hermético o semihermético.
- **Condensador:** intercambiador de calor responsable de ceder el calor del sistema.

- **Evaporador:** intercambiador de calor encargado de absorber el calor del refrigerante.
- **Filtro deshidratador:** encargado de eliminar la humedad y las partículas que puedan estar en el refrigerante.
- **Tomas de presión o de interconexión:** para el control o interconexión del sistema de refrigeración.
- **Válvula de expansión:** válvula encargada de la expansión.
- **Válvula inversora:** válvula encargada de cambiar de modo de generación (calor o frío).

Ventiladores

Los ventiladores son los elementos, generalmente eléctricos, que ayudan a la transmisión del calor en el evaporador y en el condensador generando corrientes de aire.

Están compuestos por:

- **Carcasas y envolventes:** elementos de protección del equipo refrigerador.
- **Ventiladores del condensador:** ventiladores que hacen que el aire circule a través del condensador.
- **Ventiladores del evaporador:** ventiladores que hacen que el aire circule a través del evaporador. Se pueden regular en velocidad para adecuar el flujo del aire que se desea suministrar a la estancia que climatizar.

Equipos electrónicos y de control

Son los equipos de control del sistema. Dentro de este grupo se encuentran las tomas de corriente, las protecciones eléctricas, los termostatos, los presostatos, las resistencias, los mandos a distancia, etc.

Equipos autónomos compactos

Todos los elementos que integran estos equipos se encuentran agrupados bajo la misma envolvente, de forma que no es necesario tener el condensador en el exterior y el evaporador en el interior, sino que se utiliza un conducto de aire, que es el encargado de expulsar al exterior el aire caliente.

Equipos de ventana

Disponen de una entrada y una salida de aire horizontal en sentido exterior → interior de la ubicación que climatizar, impulsando el aire del exterior al interior. Todos los elementos del circuito frigorífico se sitúan en la parte trasera (exterior), a excepción del ventilador y el evaporador, que están colocados en la parte delantera (interior) junto con los elementos de control.

Equipos de ventana en fachada de edificio

Equipos horizontales

Estos equipos están diseñados para colocarse en el techo o en el falso techo de la ubicación que climatizar. La ubicación de los elementos del sistema de climatización es similar a los equipos de ventana, pero necesitan tomas de aire exteriores.

Equipos verticales

Estos equipos tienen forma de caja vertical. Se sitúan en la parte inferior el equipo electrónico y en la parte superior el circuito frigorífico. Toma aire del exterior y lo impulsa hacia el interior, atravesando el equipo, que se encarga de enfriar el aire. Suelen disponer de un depósito de recogida de agua, debido a la condensación que se produce en él.

Equipo vertical de climatización

Equipos autónomos partidos

En estos equipos el circuito frigorífico se divide en dos, una unidad exterior y, al menos, una unidad interior, lo que permite situar a cada una de las unidades en una ubicación diferente, reduciendo el espacio que ocupan en el interior de la estancia que climatizar.

Una de las ventajas, además de la mencionada anteriormente sobre el espacio que ocupan las unidades, es que, al realizar la conexión mediante el uso de tuberías debidamente aisladas y bien conexionadas, se aumenta el rendimiento del sistema, aunque es fundamental que las uniones e intersecciones no presenten puntos de fuga de refrigerante.

En la unidad interior se ubican el evaporador, el ventilador, el difusor y el sistema de recogida del agua condensada. En la unidad exterior se encuentran el compresor, el condensador y el ventilador.

Unidades de techo

Son equipos que se instalan suspendidos del techo y de forma paralela a este. Toman el aire por la parte posterior y lo impulsan por la parte delantera. Distribuyen el aire paralelamente al techo o de forma inclinada. Son muy similares en cuanto al funcionamiento de los equipos de suelo.

Unidades de suelo

Son unidades que toman el aire por su parte inferior y, gracias al ventilador, generan una corriente que distribuye el aire frío generado.

Unidad de suelo-techo JFM-71V2K de Johnson

Unidades de empotrar

Estos equipos están diseñados para ser empotrados en los falsos techos, para lo cual adaptan sus medidas a las dimensiones de los techos modulares.

Toman el aire por su parte central y expulsan el aire fresco por los laterales. Para conseguir su máxima eficiencia se deben instalar en el centro de las estancias que refrigerar y tienen que disponer de una tubería independiente para la evacuación, mediante una bomba, del agua de la condensación.

Unidades de pared o splits

Estas unidades son las más eficientes de todas. Toman el aire por su parte superior y lo devuelven por la parte posterior, una vez climatizado.

Distribuyen de forma eficiente el aire tanto si trabajan en modo calefacción como si lo hacen en modo climatización.

Es habitual encontrar instalaciones en las que se dispone de una unidad exterior y varios *splits* o unidades interiores. Esta última modalidad se denomina equipos *multisplit*.

Unidad de pared tipo split

Sistemas centralizados aire – aire

Estos equipos, al igual que los equipos compactos, albergan todos sus componentes en la mima unidad. Son equipos diseñados para ser instalados en los falsos techos o en las terrazas y están destinados a la climatización de espacios amplios o distintos habitáculos, usando un único equipo.

Estos equipos necesitan de una toma de aire exterior (en el caso de que se instalen en un falso techo) y un sistema de desagüe para evacuar el agua debida a la condensación, además de ser necesaria una red de canalizaciones para repartir el aire a las estancias que climatizar.

Estos equipos presentan el inconveniente de que, al climatizar distintas estancias, cada una de estas puede tener diferentes necesidades, por lo que se suelen regular para cada una de las estancias los siguientes parámetros:

- **Variación del volumen de aire (VAV)** que entra en cada estancia. Puede incluso cerrarse la entrada de aire. Este sistema se suele denominar multizona.
- **Temperatura de aire variable (TAV):** el aire que proviene de la unidad central se reparte por todo el edificio y cuando llega a cada estancia se trata por una unidad secundaria de climatización según las necesidades establecidas. Cada ubicación dispondrá de una unidad secundaria de climatización o unidades de postratamiento.

Actividades

8. Observe en su entorno distintos equipos de refrigeración e identifique cada una de las partes que lo componen.
9. Analice las ventajas e inconvenientes de los equipos compactos frente a los equipos partidos.

Equipo compacto aire / aire

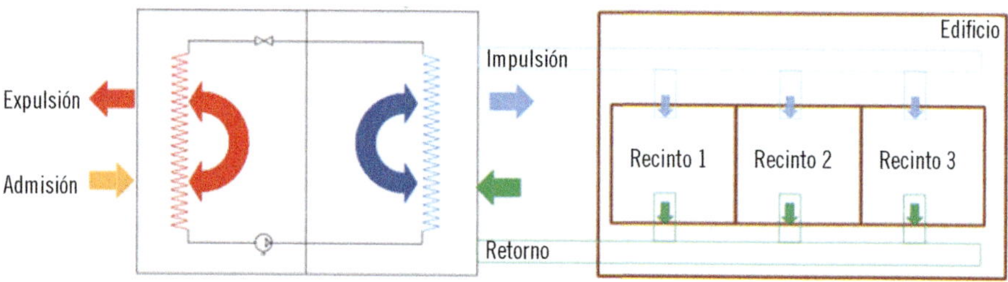

Esquema de funcionamiento de un sistema aire – aire

Aplicación práctica

¿Qué sucedería si en un equipo autónomo partido se situasen las unidades interior y exterior dentro de la misma ubicación que se pretende climatizar?

SOLUCIÓN

El mayor problema que presenta esta situación es que ambos focos (frío y caliente) estarían a la misma temperatura, lo que provocaría que no se produjese el intercambio de calor. Esto se traduciría en que el equipo no refrigeraría la estancia debido a que ambos equipos se encontrarían a la misma temperatura.

Como no se alcanzaría nunca la temperatura programada, el compresor estaría permanentemente en funcionamiento, hasta que se averiase.

Continúa en página siguiente >>

<< Viene de página anterior

Se debe tener en cuenta que, para que se produzca un intercambio de calor, el foco frío y el caliente deben encontrarse a distinta temperatura.

5.3. Equipos aire-agua

Los equipos aire-agua son los sistemas de refrigeración que utilizan el agua como medio para transferir el calor entre el interior y el exterior de la estancia que refrigerar.

Estos equipos se caracterizan por su alta eficiencia energética y por su capacidad para proporcionar calefacción (absorbiendo el agua el calor del exterior) o refrigeración (cediendo el agua el calor al exterior).

Disponen de un equipo exterior que recoge la energía del aire (calentándola o enfriándola), la transmite al agua y la hace circular por las tuberías, que la trasladan a las unidades interiores (radiadores, *fancoils*, etc.). Este equipo exterior alberga los equipos frigorífico, hidráulico y de control, para lo que necesita una red de transporte de agua y un suministro eléctrico para funcionar.

Las unidades exteriores están compuestas por los siguientes elementos:

- **Intercambiadores de aire-refrigerante:** son los encargados de transmitir el calor entre el refrigerante y el aire exterior. Funciona como condensador cuando trabaja en modo refrigeración y como evaporador si su funcionamiento es como bomba de calor.
- **Ventiladores:** utilizados para mejorar el intercambio de calor, se suelen instalar en la parte superior del equipo para provocar la circulación de aire en sentido vertical ascendente.
- **Intercambiador refrigerante-agua:** responsable de transmitir el calor del refrigerante al agua del circuito primario. Debe estar bien aislado para evitar las fugas o el intercambio de calor con el aire exterior.

- **Sistema de inversión de ciclo:** que permite invertir el sentido del equipo para que funcione en modo calor o frío de forma indistinta, según los requerimientos de la instalación.

Además de todos los elementos anteriores, los equipos incorporan un sistema de control encargado de controlar su funcionamiento, integrado por los termostatos, los mandos de regulación, los controles de humedad, etc.

Equipo compacto aire/agua

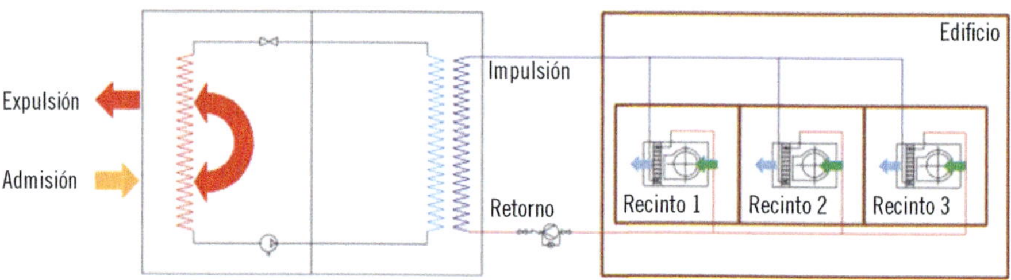

Representación esquemática de los elementos que componen un sistema aire – agua

Recuerde

Atendiendo al número de tubos instalados el equipo, este puede trabajar en modo refrigeración o calefacción si se instalan válvulas de dos vías, o en ambos modos si la válvula tiene cuatro vías.

5.4. Equipos agua-agua

Estos equipos sustituyen el aire exterior por agua en los ciclos de refrigeración (evaporador) o calefacción (condensador).

Su funcionamiento y los elementos que los integran son similares a los sistemas aire-agua: enfrían el agua de una red primaria y la envían a las unidades interiores *(fancoils)*.

La condensación por agua divide los equipos en dos tipos:

- **Equipos sin recuperación:** el agua utilizada para la condensación se suministra directamente de la red y, una vez que ha pasado por el condensador, se envía al desagüe, lo que significa un derroche considerable.
- **Equipos con recuperación:** el agua utilizada pasa por el condensador y, a través de una torre de refrigeración, se enfría y se reutiliza. Esto obliga a que el agua no tenga impurezas, para garantizar el rendimiento de la instalación.

Nota

Los equipos que recuperen el agua de la instalación refrigeradora deben cumplir con las condiciones específicas para prevenir la propagación de la legionelosis, que se puede encontrar en las torres de recuperación.

Torres de recuperación en un centro de datos

Actividades

10. Explique las diferencias existentes entre los equipos aire – aire y aire – agua.
11. Busque aplicaciones para los equipos de aire – aire y aire – agua.
12. Investigue si en su localidad está permitida la instalación de equipos agua – agua sin recuperación.

Aplicación práctica

La instalación de climatización del salón de actos de la aplicación práctica anterior está compuesta por un sistema centralizado aire – aire que se encuentra en el falso techo, y que tiene una toma de aire del exterior y varias tomas repartidas por el recinto. Este equipo lleva tiempo sin funcionar correctamente y el responsable del Departamento de Mantenimiento le llama para que lo solucione, a poder ser sin modificar los elementos, puesto que están en temporada alta y no pueden cerrarlo.

¿Qué solución considera que sería la más adecuada para conseguir climatizar el recinto aprovechando la instalación existente?

SOLUCIÓN

Se podría instalar un equipo partido (aire – aire), de forma que para la conexión de las unidades interior y exterior se aprovechase el conducto usado como toma de aire del exterior del equipo que no funciona correctamente.

Aprovechando los anclajes del equipo se puede colocar un equipo interior tipo casete, además de instalar distintas unidades de techo, en el caso de que no se pudiera climatizar el salón de actos de forma uniforme, aprovechando las canalizaciones de salida de aire del equipo anterior.

6. Elementos constituyentes de una bomba calor

Las bombas de calor tienen elementos comunes con una máquina frigorífica, pero adecuados para calefactar el local o ubicación deseada.

Su funcionamiento consiste en absorber el calor en el evaporador, captando la energía del exterior del sistema para, mediante el compresor y gracias al aporte de energía eléctrica, aumentar la presión del gas refrigerante. Este gas pasa al condensador, donde cede calor al foco caliente, pasando de estado gaseoso a líquido, que se envía a la válvula de expansión, donde se reduce su presión.

Algunos equipos tienen la capacidad de ser reversibles, lo que significa que en invierno funcionan como calefacción y en verano, como climatización. Para eso es fundamental utilizar una válvula de cuatro vías que lo permita.

6.1. Compresor

El compresor es el equipo responsable de comprimir el elemento refrigerante que se encuentra en estado gaseoso para que alcance altas presiones de trabajo, para lo cual se utiliza un motor eléctrico y un sistema de compresión asociado a ese motor.

Son los elementos más importantes del sistema, puesto que si no funcionan correctamente el sistema tampoco lo hará.

Los compresores se pueden clasificar atendiendo a distintos aspectos, que se mostrarán a continuación.

Según su sistema constructivo

Dependiendo de su forma constructiva, los compresores pueden ser:

Compresores abiertos

El motor y el sistema de compresión son independientes y se acoplan mediante un elemento que transmite el movimiento del motor al compresor. Se utiliza en equipos que requieren mucha potencia.

Compresor abierto

Compresores herméticos

El motor y el sistema de compresión se alojan bajo una misma carcasa, habitualmente de chapa soldada, que no se puede desmontar en caso de reparación. Se utilizan en pequeñas instalaciones.

Compresor hermético

Compresores semiherméticos

Son compresores que realizan la misma función que los herméticos, con la ventaja de que se pueden desmontar para realizarles el mantenimiento o repararlos, además de utilizarse para mayores potencias frigoríficas.

Compresor semihermético

Nota

Los compresores herméticos son los utilizados en los equipos de climatización, los frigoríficos y los congeladores domésticos.

Según el mecanismo de compresión

Atendiendo a la manera en la que el refrigerante es comprimido, se pueden encontrar:

Compresores alternativos

Están formados por uno o varios pistones, que aspiran el aire cuando se abren las válvulas y lo comprimen cuando se cierran. Además de los pistones, estos compresores cuentan con otros elementos, como son el cigüeñal y la culata.

Estos compresores se caracterizan por su durabilidad y se usan en los procesos industriales. Debe tenerse en cuenta que generan mucho ruido y muchas vibraciones.

Video

En el siguiente vídeo se muestra el funcionamiento de un compresor alternativo o de pistones. Accede a través del siguiente enlace.

https://redirectoronline.com/uf05660201

Compresores de espiral o scroll

Están compuestos por una espiral fija y otra que se mueve de forma excéntrica que no gira sobre sí misma, lo cual provoca la compresión, debido al estrechamiento del hueco que queda entre ambas espirales, hasta que el refrigerante sale por el centro de la espiral fija.

Este tipo de compresores cuentan con la ventaja de que no tienen apenas rozamiento, debido a que los elementos son fijos, lo que provoca que tenga muy pocas vibraciones y no haga apenas ruido.

Video

En este vídeo puede ver el funcionamiento de un compresor espiral o *scroll*. Accede a través del siguiente enlace.

https://redirectoronline.com/uf05660202

Compresores de tornillo

Estos compresores están formados por dos tornillos helicoidales giratorios (uno cóncavo y otro convexo) que se engranan entre ellos. Debido a este giro se comprime el elemento refrigerante.

Video

A continuación, se muestra el funcionamiento de un compresor de tornillo. Accede a través del siguiente enlace.

https://redirectoronline.com/uf05660203

Compresores rotativos

Este tipo de equipos comprimen el refrigerante al girar un rodillo dentro de la cámara, de forma que se provoca que salga por una válvula. Aunque ocupan menos espacio que los alternativos, se calientan bastante más, por lo que se utilizan en equipos de pequeña y mediana potencia.

Video

Vídeo en el que se muestra el funcionamiento de un compresor rotativo. Accede a través del siguiente enlace.

https://redirectoronline.com/uf05660204

Nota

Algunos equipos de climatización tienen la capacidad de controlar la velocidad de giro del compresor atendiendo a la temperatura existente en la ubicación que climatizar.

¿Se puede utilizar un equipo de refrigeración NO reversible en modo calefacción? Si se invierte el sentido del refrigerante, ¿podría conseguirse invirtiendo el sentido de giro del motor asociado al compresor?

SOLUCIÓN

Suponiendo que se pudieran intercambiar el evaporador y el condensador, sería posible cambiando la ubicación de ambos. Bastaría con colocar el condensador en el interior de la estancia que climatizar y el evaporador en el exterior, aunque no se puede llevar a cabo puesto que los equipos no permiten el intercambio de ambos elementos.

Cuando un equipo de refrigeración es reversible, lo que se intercambian son las funciones, no los elementos.

Aunque se cambie el sentido de giro del motor asociado al compresor, el sentido de circulación del refrigerante seguirá siendo el mismo, puesto que el movimiento del pistón sigue siendo vertical. En el caso de los compresores rotativos, espirales o de tornillo, el giro en sentido contrario provocará que no se comprima el refrigerante, por lo que el equipo no funcionará.

6.2. Evaporador

Los evaporadores son los dispositivos que permiten el intercambio de energía térmica y que producen un cambio de estado del elemento refrigerante en su interior (habitualmente el refrigerante pasa de estado líquido a vapor).

El evaporador se debe ubicar en el interior de las estancias que climatizar (en el caso de que se desee refrigerar la estancia) o en el exterior (si el equipo trabaja como bomba de calor o calefacción).

El tamaño de los evaporadores debe ser acorde con la instalación de refrigeración que se pretende instalar, por lo que deberán tenerse en cuenta las ubicaciones y condiciones de temperatura que se desean asegurar.

Atendiendo al medio que se quiera enfriar, se pueden encontrar evaporadores de aire y de agua.

Evaporadores de aire

Están formados por un serpentín de cobre que atraviesa unas aletas de aluminio y al que se le acopla un ventilador para forzar el paso del aire. Es habitual que disponga de una bandeja inferior para recoger el agua de condensación.

Debido a la proximidad de las aletas de aluminio, es muy fácil la acumulación de polvo y otras sustancias, que reducen considerablemente el rendimiento del equipo, por lo que se deben limpiar de manera regular.

Evaporador de aire

Evaporadores de agua

En estos evaporadores el líquido refrigerante es el agua. De acuerdo con el tipo de serpentín que utilicen se pueden clasificar en los siguientes.

De tubo de carcasa

El evaporador de tubo de carcasa consta de una carcasa y un haz de tubos que se alojan en su interior. La carcasa está llena del medio de evaporación y el haz de tubos contiene el líquido que se evapora. Cuando el líquido del haz de tubos pasa a través del evaporador, intercambia el calor con el medio de evaporación de la carcasa, de modo que el calor del líquido se transfiere al medio de evaporación evaporándose.

Con la evaporación del medio de evaporación, la presión dentro del evaporador disminuye, de forma que el líquido en el haz de tubos se vaporiza y se evapora. El líquido evaporado sale del evaporador, condensándose el medio evaporador en el condensador, lo que provoca que se vuelva líquido y retorne a la carcasa, formando un flujo circular.

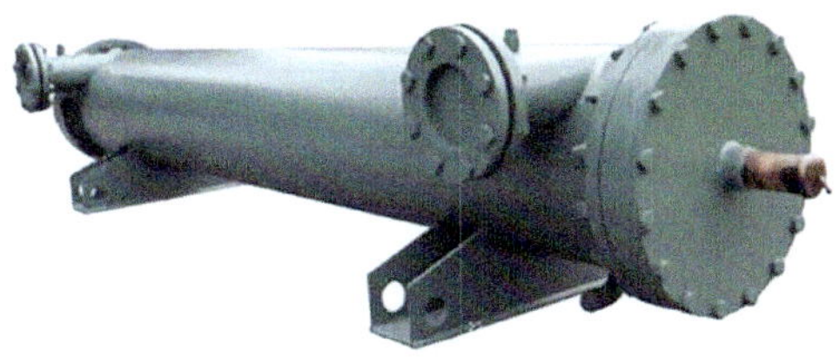

Evaporador de carcasa

Evaporador tipo tanque

Están formados por un serpentín de cobre que se encuentra sumergido en un tanque que contiene el agua del circuito primario por el que se hace circular el refrigerante.

Este tipo de evaporador se utiliza en las instalaciones cuya carga no es estable y en las que el líquido refrigerante entra en el evaporador a altas temperaturas y es necesario reducirlas lo más rápido posible.

Evaporador de placas

Consta de dos placas acanaladas y asimétricas soldadas herméticamente una contra la otra, de forma que el gas refrigerante puede fluir entre ellas.

Son los evaporadores más usados, debido a su coste y a su fácil limpieza. En este modelo de evaporador el refrigerante circula entre dos placas.

En el siguiente vídeo se puede analizar cómo funciona un evaporador de placas:

https://redirectoronline.com/uf05660204

6.3. Condensador

El condensador es un componente fundamental en un sistema de refrigeración, ya que es el encargado de condensar el elemento refrigerante que se encuentra en estado gaseoso para que pase a un estado líquido, mediante el enfriamiento del refrigerante por debajo de su punto de rocío.

El condensador transfiere el calor al ambiente mediante un ventilador, que provoca una circulación de aire alrededor del condensador.

Están formados por una bobina de tubo de cobre con aletas de aluminio, encargadas de aumentar la superficie del condensador, para que disipe una mayor cantidad de calor. Se ubican en las unidades exteriores de aire, ya que deben tener la capacidad de eliminar el calor fuera del habitáculo o recinto que climatizar.

Condensador de aletas con ventilador incorporado

El funcionamiento de un condensador es el siguiente:

1. El compresor comprime el refrigerante que se encuentra en estado gaseoso, con lo que aumentan su presión y su temperatura.
2. El refrigerante que se encuentra caliente y con alta presión fluye hacia el condensador.
3. El ventilador del condensador fuerza la circulación del aire alrededor del condensador, disipando el calor del refrigerante.
4. El refrigerante se enfría y se condensa, volviendo a su estado líquido.
5. El refrigerante líquido fluye hacia la válvula de expansión, que reduce su presión.
6. El refrigerante de baja presión fluye hacia el evaporador, donde absorbe el calor del aire de la habitación y se evapora de nuevo.
7. Se repite el ciclo.

6.4. Válvula de expansión

La válvula de expansión es el elemento encargado de expandir el fluido refrigerante, o lo que es lo mismo, la parte del circuito en la que se reduce su presión para su posterior evaporación, con lo que aumenta de volumen.

El dispositivo básico de expansión es el conocido como tubo capilar, que consiste en un tubo de cobre largo y de pequeña sección. Al discurrir el refrigerante por él pierde presión, debido a la fricción con las paredes interiores de este.

Los tubos capilares están calibrados para un flujo fijo, motivo por el que se utilizan en equipos pequeños de refrigeración.

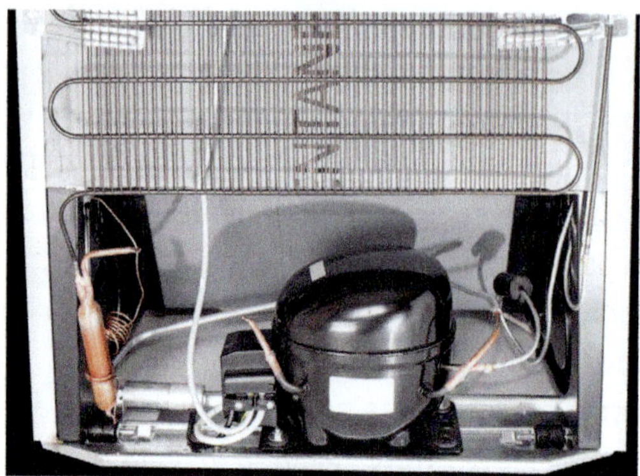

Compresor con el tubo capilar en forma de espiral.

Para cada sistema se establecen distintas características del tubo capilar, puesto que es muy difícil regularlo. Este sistema se emplea en los aparatos electrodomésticos y en pequeños sistemas de refrigeración.

Para los sistemas en los que es necesario regular la expansión del fluido refrigerante, se puede optar por válvulas manuales, termostáticas o termoeléctricas.

Válvulas manuales

Son las válvulas que no disponen de un sistema de regulación automática y que se lleva a cabo con un elemento, como puede ser el uso de un tornillo para efectuar la regulación, que permanecerá invariable a las condiciones del circuito y del refrigerante.

Se suele utilizar en aquellos equipos en los que su funcionamiento es constante y no varían las condiciones que debe suministrar el equipo de climatización.

Válvulas termostáticas

Son las válvulas que controlan el caudal y la temperatura del fluido refrigerante mediante una membrana que abre o cierra los circuitos, dependiendo de las condiciones que deba tener el líquido refrigerante en cada momento, para controlar el flujo.

Válvulas termoeléctricas

Son válvulas que se controlan de manera electrónica. Utilizan sensores de control que informan de las condiciones ambientales, de forma que, dependiendo de estas, se hará trabajar al sistema de una manera más eficiente y con mejor rendimiento.

Estas válvulas permiten el funcionamiento ideal del evaporador, permitiendo exclusivamente la salida del gas sobrecalentado necesario del compresor, lo que evita dañarlo.

Válvula de expansión termostática

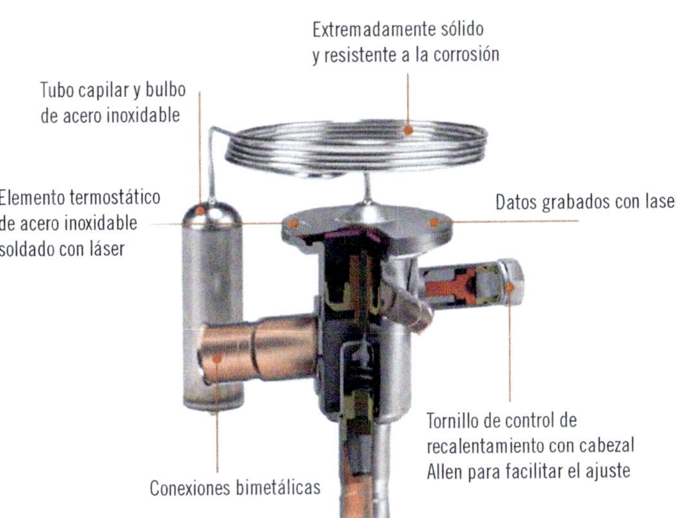

Actividades

13. ¿Por qué se usa el aluminio en las aletas de los evaporadores si el cobre es mejor conductor del calor?
14. Investigue las características que debe cumplir una instalación para instalar en la misma válvulas de expansión termostáticas o termoeléctricas.

7. Grupos autónomos de tratamiento de aire

En los espacios de grandes dimensiones o en los que es preciso realizar un control de las condiciones de confort y en los que no se pueden utilizar equipos autónomos, se recurre a los grupos autónomos de tratamiento de aire o unidades de tratamiento de aire (UTA).

Estos equipos no son equipos de climatización, ya que no pueden generar frío o calor, por lo que necesitan un equipo adicional en el que se lleve a cabo la climatización o calefacción, de forma que se comportan como equipos de tratamiento del aire, independientemente de si es frío o caliente.

Las UTA son equipos de gran tamaño, lo que obliga a ubicarlas en un espacio que, además de permitir su instalación, debe tener ventilación directa al exterior, para poder realizar la captación y expulsión de aire.

Una unidad de tratamiento de aire se compone de equipos modulares en los que cada uno de ellos realiza una tarea diferente. Entre las más habituales se encuentran:

- **Sección de baterías:** son las encargadas de enfriar o calentar el aire tratado, aunque también pueden realizar funciones de deshumectación. Las baterías de refrigeración deben incorporar un sistema, habitualmente una bandeja, de recogida del agua de condensación.
- **Sección de filtros:** es la parte encargada de purificar el aire y eliminar las posibles partículas que se encuentren en él, además de asegurar la calidad del aire a la salida del equipo.
- **Sección de humidificación:** encargada de corregir el grado de humedad del aire.
- **Sección de mezcla:** controla la cantidad de aire de retorno, aire exterior y aire de expulsión con los que la UTA trabaja.
- **Sección de recuperación:** recupera el calor del aire de retorno y lo utiliza para calentar el aire impulsado si fuera necesario.
- **Sección de ventiladores:** dedicados a la impulsión del aire.

Esquema de configuración de una UTA

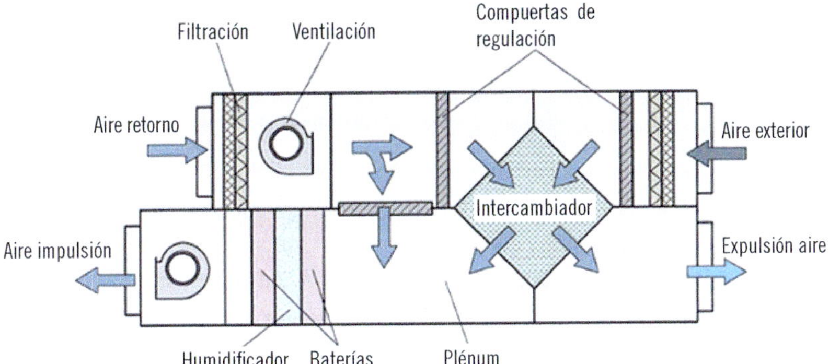

Nota

En las UTA se pueden encontrar los siguientes tipos de aire:

- Aire de ida: aire que será inyectado en las estancias que climatizar.
- Aire de retorno: aire que retorna de las estancias a la UTA.
- Aire exterior: aire destinado a renovar el de la UTA.

Actividades

15. Busque información sobre otras secciones que se pueden incorporar en una unidad de tratamiento de aire.
16. Realice un listado de edificios en los que se pueden utilizar las unidades de tratamiento de aire.

7.1. Modos de trabajo de las unidades de tratamiento de aire

Dependiendo del aprovechamiento del aire que se desee hacer en una instalación gestionada por una unidad de tratamiento de aire, se pueden encontrar distintos modos de trabajo, que se analizarán a continuación.

Todo aire exterior

El aire de impulsión se capta del aire exterior y el aire de retorno se expulsa directamente al exterior, inyectando siempre aire nuevo en las estancias que climatizar.

Dependiendo de si el aire pasa por el recuperador o no, pueden ser con recuperación o sin ella.

Esquematización de un sistema todo aire con recuperación

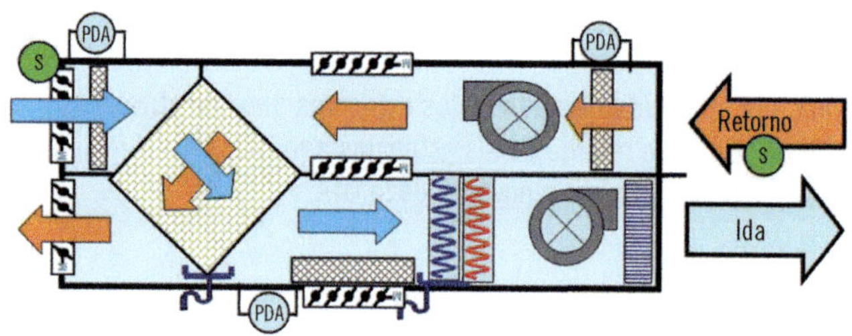

Esquematización de un sistema todo aire sin recuperación

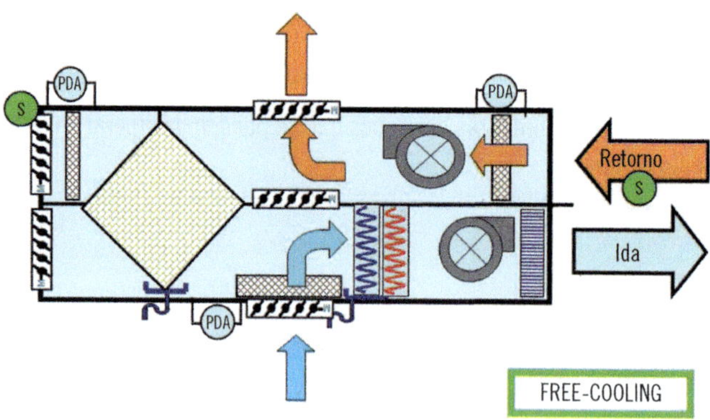

Mezcla

En estas unidades parte del aire se aprovecha mediante la recirculación y otra parte se coge del exterior.

Al igual que las unidades exteriores, se pueden clasificar en unidades con recuperación o sin ella.

Esquematización de un sistema mezcla con recuperación

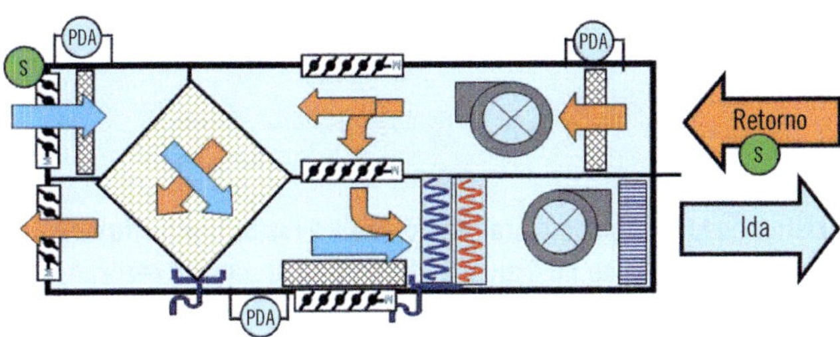

Esquematización de un sistema mezcla con recuperación

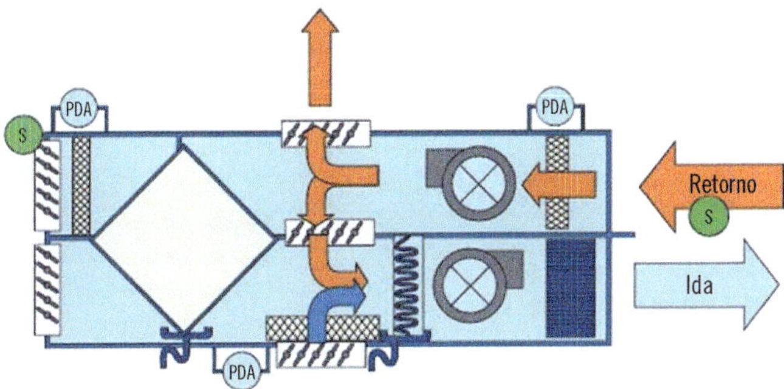

Todo recirculación

Esta unidad de tratamiento de aire de impulsión es igual a la de retorno, pero sin incorporar aire exterior que pueda renovarlo.

Esquematización de un sistema todo recirculación

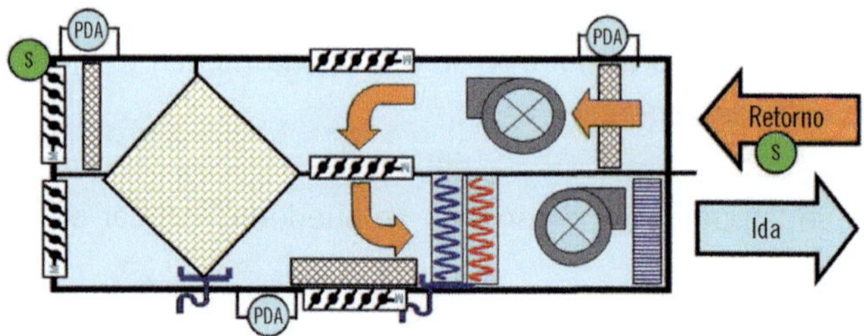

Aplicación práctica

¿Por qué existen en la unidad de tratamiento de aire los circuitos de aire de ida y el de retorno? ¿Qué sucedería si se obstruyese el circuito de aire de retorno?

SOLUCIÓN

Las unidades de tratamiento de aire tienen circuitos de ida y retorno para compensar el aire que se introduce con el que sale, puesto que, si únicamente se inyectase aire, la presión en las estancias aumentaría, lo que influiría en la calidad del ambiente y en las propias estancias.

8. Torres de refrigeración

Las torres de refrigeración son equipos que utilizan el agua como refrigerante y que transmiten a la atmósfera el calor excedente de los equipos de climatización o procesos industriales. Esta agua puede desecharse o puede reutilizarse en un circuito cerrado, enfriándola previamente para que pueda volver a absorber el calor del condensador.

Su funcionamiento se basa en enfriar el agua caliente pulverizándola sobre un intercambiador, donde se enfría gracias a una corriente de aire que fluye en sentido contrario, lo que provoca que el agua refrigerada caiga al depósito o bandeja inferior para que vuelva al circuito de refrigeración.

La corriente de aire se puede generar de forma natural, usando aberturas en los laterales de la torre de refrigeración o forzada en el caso de que se utilicen ventiladores eléctricos.

Torres de refrigeración con ventilación natural (izda.) y forzada (dcha.)

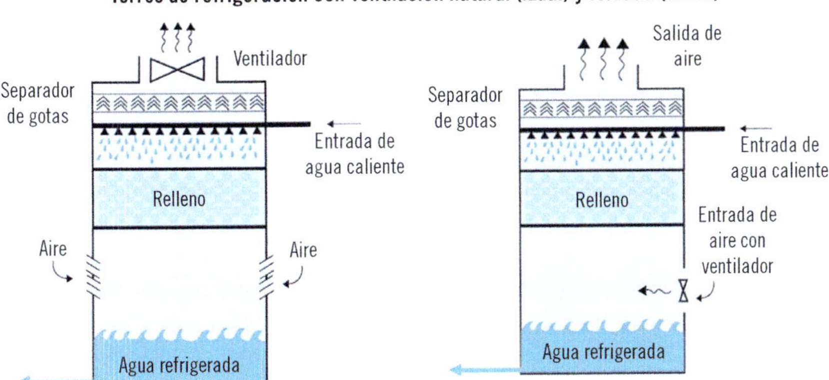

8.1. Tipos de torres de refrigeración

Las torres de refrigeración se pueden dividir en dos grandes grupos:

- **Sistemas de tiro natural:** funcionan sin ventilador de apoyo.
  - **Basados en efecto chimenea.** Se utilizan para enfriar y mover grandes volúmenes de agua, en centrales eléctricas e industrias de gran tamaño. El agua en gotas, al generar un foco de calor en la parte alta de la torre, provoca que el aire suba.
  - **Basados en el efecto Venturi.** Se usan cuando se quieren enfriar aguas que no llegan a unas temperaturas muy altas (cargas térmicas medias y bajas).
- **Sistemas con apoyo a la ventilación:** necesitan uno o más ventiladores para funcionar.
  - **De tiro forzado.** La ventilación mecánica se instala en la parte baja de la torre, obligando a que el aire pase por el relleno y salga a través de la parte superior.

- **De tiro inducido.** El ventilador está en lo alto de la torre, al contrario que en los sistemas de tiro forzado, y extrae el aire del interior mediante unas aberturas en la parte inferior de esta.

Sabía que...

Antes de que el sistema se ponga en funcionamiento, debe limpiarse y desinfectarse según las condiciones marcadas en el Real Decreto 487/2022, de 21 de junio, por el que se establecen los requisitos sanitarios para la prevención y el control de la legionelosis.

Posteriormente, la limpieza y desinfección de las torres de enfriamiento, atendiendo al mismo real decreto, deberá hacerse, al menos, dos veces al año, preferiblemente al comienzo de la primavera y el otoño.

9. Depósitos de inercia

Los depósitos de inercia son acumuladores de agua fría o caliente (dependiendo de si el sistema es de refrigeración o calefacción) destinados a almacenar el agua fría o caliente de la red de transporte primaria.

Estos equipos son muy adecuados en aquellas instalaciones de climatización o calefacción que presentan mucha variación en la demanda de frío o calor y en su generación.

Se instala el depósito de inercia en el circuito primario para evitar los arranques del generador térmico. Supongamos una máquina refrigeradora que tiene establecido su límite de temperatura en 20 °C. Al alcanzar los 19,9 °C arrancaría y al llegar a los 20 °C preestablecidos pararía, lo que provocaría que la máquina arrancase y parase muchas veces en un corto espacio de tiempo. Esto se traduciría en una reducción del rendimiento y de la vida útil de la máquina. Si se aplica a los sistemas de la red primaria, mediante el uso de los depósitos de inercia se puede conseguir lo mismo, pero sin necesidad de que arranque todo el sistema de climatización.

Sección interior de un depósito de inercia

Exteriormente son similares a los acumuladores de agua caliente sanitaria. Están construidos en acero y disponen de un aislamiento para mantener la temperatura del agua que albergan en su interior controlados por las sondas responsables del arranque de la enfriadora, termómetros, tomas, etc.

La instalación de un depósito de inercia es muy recomendable en las instalaciones que requieran de forma simultánea generar calor y frío, como puede ser el caso de una empresa en la que se necesite refrigeración y calefacción para el agua caliente sanitaria.

El número de arranques por hora que se considera adecuado para un equipo está comprendido entre dos y cuatro veces. Para calcular el número de arranques será suficiente con dividir los minutos que conforman una hora entre los minutos necesarios para que el equipo esté disponible.

Aplicación práctica

En el edificio en el que reside dispone de una instalación climatizadora con una enfriadora que no tiene depósito de inercia. La enfriadora tarda en cubrir la demanda del edificio 4 min y cada 2 min el agua comienza a calentarse. ¿Cuántos arranques realiza la enfriadora? ¿Es correcta esa cantidad de arranques? ¿Qué solución se puede aportar para cuidar el rendimiento de la enfriadora?

Continúa en página siguiente >>

<< Viene de página anterior

SOLUCIÓN

La enfriadora funciona cada 6 min (4 de funcionamiento + 2 de calentamiento del agua)

$$n.^{o}_{arranques} = minutos_{hora} / minutos_{arranque}$$

$$n.^{o}_{arranques} = 60/6 = 10\ arranques_{hora}$$

De acuerdo con la información aportada anteriormente, la cantidad idónea de arranques debe estar comprendida entre dos y cuatro veces por hora, por lo que en este caso se recomienda la instalación de un depósito de inercia que reduzca en todo lo posible el número de arranques, para mejorar el rendimiento y el cuidado de la instalación.

Esquema de instalación de un acumulador de inercia

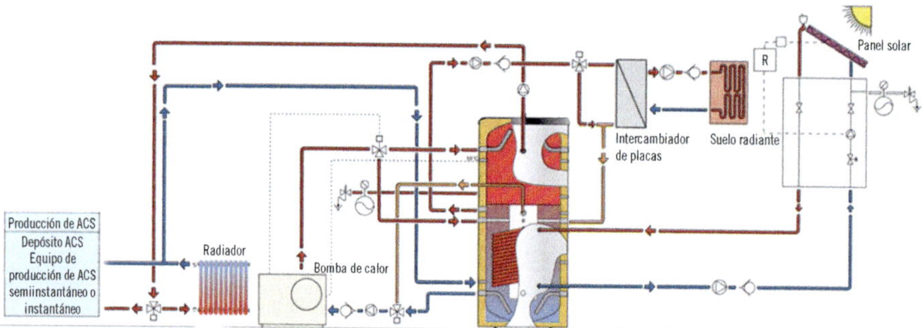

10. Equipos de absorción

Los ciclos de refrigeración por compresión son aquellos en los que se comprime el refrigerante a través de un compresor accionado por un motor eléctrico. Contrariamente a estos ciclos de refrigeración se encuentran los ciclos por absorción, que son aquellos en los que se realiza una comprensión térmica, aprovechando las propiedades que presentan algunas sustancias de absorber a otras que se encuentran en estado vapor, como el bromuro de litio o el amoniaco.

Recuerde

El fluido usado como refrigerante obtiene calor del líquido absorbente, el cual, al cambiar del estado líquido a gaseoso y reducir la presión, disminuye de temperatura.

10.1. Principio de funcionamiento de las máquinas de absorción

Las máquinas de absorción se basan en un ciclo frigorífico de absorción en el que el fluido usado como elemento refrigerante obtiene el calor del líquido que enfriar, pasando de un estado líquido a otro de vapor, debido a la reducción de la presión a la que está sometido.

En este ciclo de refrigeración, el fluido que se encuentra en un estado líquido en el condensador a una presión mayor pasa por el evaporador a baja presión y absorbe el calor necesario para poder evaporarse. Este calor proviene del foco que refrigerar.

El refrigerante en estado vapor aumenta su presión, hasta que llega al condensador, donde cede el calor obtenido, pasa a estado líquido y realiza de nuevo el ciclo de refrigeración.

Con estos ciclos se extrae el calor de un espacio, en el que se encuentra el evaporador, con lo que lo enfría, para disiparlo en otro en el que se encuentra el condensador.

10.2. Elementos que integran un equipo de absorción

Los elementos más importantes que se pueden encontrar en un equipo de absorción son:

- **Absorbedor:** se encuentra en el mismo módulo que el evaporador. En su interior la solución de bromuro de litio absorbe el vapor que forma. Para eliminar el calor del bromuro de litio se instala un intercambiador (habitualmente de tubos), por el que se hace circular agua fría.
- **Condensador:** recibe el vapor de agua procedente de los generadores de alta y baja temperatura, convirtiéndolo del estado vapor a líquido. Para este proceso se utiliza agua externa con una temperatura menor.
- **Evaporador:** tiene un serpentín en su interior (habitualmente de cobre), por el que circula el agua que se quiere refrigerar. Se extrae el calor del agua que circula por el serpentín.
- **Generador de alta temperatura:** elemento interior del equipo que contiene el serpentín por el que circula el bromuro de litio y el agua, cuya temperatura se eleva hasta alcanzar el punto de ebullición, de forma que el vapor de agua se dirija al condensador y el bromuro de litio vuelva al circuito para volver a circular por él. El aporte de energía necesario se realiza con un elemento externo al sistema.
- **Generador de baja temperatura:** con un funcionamiento similar al de alta temperatura, se enfoca en mejorar la recuperación del bromuro de litio existente en la mezcla de bromuro de litio-agua.

Esquema de un ciclo de absorción

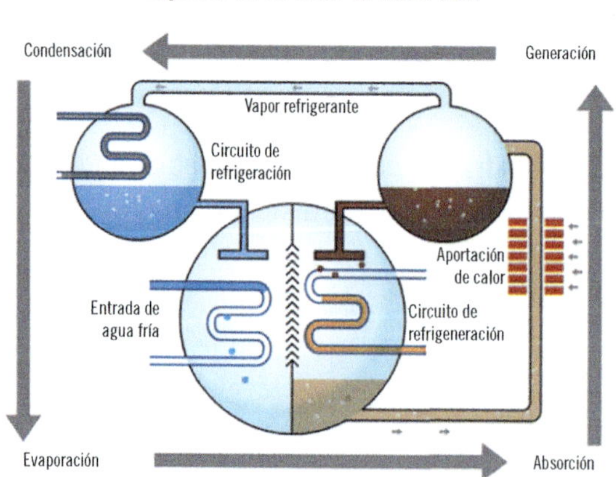

El esquema representado en la imagen anterior corresponde al funcionamiento de un equipo en modo refrigeración. Si se desea que este funcione en modo calefacción, es necesario incorporarle una válvula de cuatro vías, para que el vapor de agua del generador no llegue al condensador.

11. Bombas de calor geotérmicas

La geotermia es una energía renovable que se basa en aprovechar la energía almacenada bajo la superficie terrestre que se encuentra en las rocas y suelos, así como en las aguas subterráneas, pero no bajo las masas de agua superficiales, continentales o marinas.

El terreno a lo largo del tiempo puede sufrir menores variaciones de temperatura que las que se producen en el ambiente: pueden oscilar entre los 7 y los 14 °C.

Las bombas de calor geotérmicas aprovechan esta estabilidad del terreno para climatizar los edificios, siempre que se cumplan una serie de requisitos enfocados a evitar el agotamiento del recurso, lo que provoca que no sea posible instalarlas en todos los edificios.

Su funcionamiento es similar a una bomba de calor convencional, con la diferencia de que, en lugar de utilizar un condensador (de aire o de agua), utiliza un intercambiador enterrado en el suelo que actúa como condensador.

Esquema de funcionamiento de la bomba de calor geotérmica

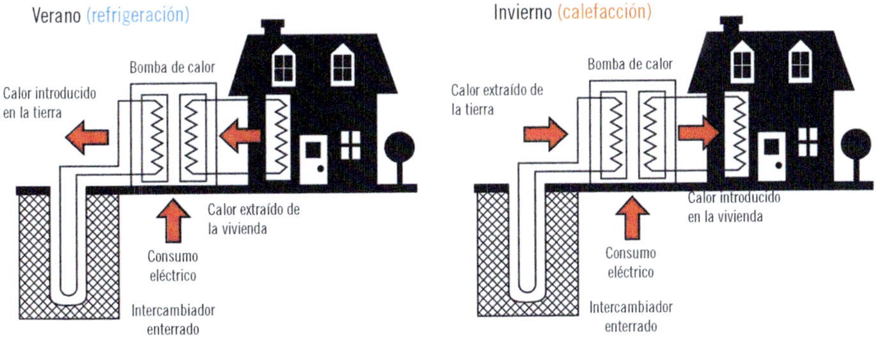

11.1. Procedimiento de diseño de un intercambiador enterrado

En el diseño de los intercambiadoras de calor enterrados se incluyen diferentes factores, que van a permitir definir distintas variables de diseño de las instalaciones.

Sea quien sea la persona que realice el proyecto, la configuración y el diseño de la instalación, debe tratarse de obtener el máximo rendimiento de la instalación con el menor coste posible.

Selección de la bomba de calor

La elección de la bomba de calor fija algunos parámetros de diseño que determinan el calor intercambiado con el suelo y el caudal circulante por el intercambiador, así como el rendimiento del sistema (COP o *coefficient of performance),* de acuerdo con sus curvas características de temperatura y potencia.

El COP de una bomba de calor representa la relación entre su capacidad térmica (Q) y la potencia eléctrica consumida para suministrarla (W). En los modos de calefacción y refrigeración se define como:

$$COP_{calefacción} = Q_{calefacción} / W_{calefacción}$$

$$COP_{refrigeración} = Q_{refrigeración} / W_{refrigeración}$$

La relación entre el calor absorbido o inyectado al terreno, dependiendo de si el modo es calefacción o refrigeración, es la siguiente:

$$Q_{absorbido} = Q_{calefacción} - w_{calefacción}$$

$$Q_{inyectado} = Q_{refrigeración} - w_{refrigeración}$$

La selección de la bomba de calor se realiza a partir del cálculo de las cargas térmicas, atendiendo a las exigencias de diseño y dimensionado establecidas en el Reglamento de Instalaciones Térmicas (RIT).

Elección del fluido circulante

El fluido circulante utilizado en el intercambiador de calor enterrado es agua (o agua con anticongelante, si se prevé que el fluido refrigerante corra riesgo de congelación). Si se estima que la temperatura de salida del evaporador va a ser inferior a 5 °C, es obligatorio el uso de anticongelantes.

Para la elección del fluido refrigerante se deben tener en cuenta los siguientes factores:

1. Las características de transferencia de calor (conductividad térmica y viscosidad).
2. El punto de congelación.
3. Los requerimientos de presión y las caídas de presión por rozamiento.
4. La corrosividad, toxicidad e inflamabilidad.
5. El coste.

Selección de la configuración

Las configuraciones más habituales se clasifican atendiendo en primer lugar al tipo de red empleada. Así, se pueden encontrar redes horizontales y verticales.

- **Red horizontal:** el intercambiador enterrado se extiende horizontalmente en el terreno. Aproximadamente debe ocupar una superficie de entre 1,5 y 2 veces la superficie que climatizar. Lo habitual es enterrar los tubos a una profundidad de 1 m. Los cambios climatológicos afectan a este tipo de intercambiador, puesto que no profundiza mucho en el terreno, lo que reduce su coste de instalación.
- **Red vertical:** el intercambiador enterrado se extiende verticalmente en el terreno. En las zanjas verticales se instalarán distintas tuberías en forma de U o una coaxial, en la que bajará el refrigerante por la parte central y subirá por la parte exterior de esta. Tiene la ventaja de que necesita mucha menor superficie de terreno, aunque su coste es más elevado, debido a que se deben alcanzar profundidades mayores. Este modelo de red es más estable en lo que se refiere a las temperaturas, puesto que a mayor profundidad la temperatura se mantiene más estable.

Las configuraciones más habituales que se realizan son:

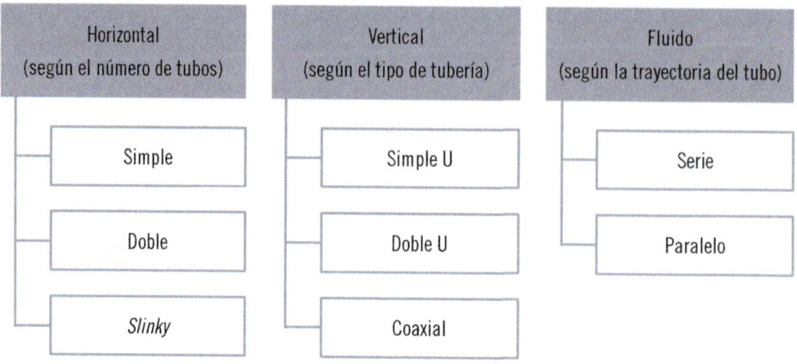

Esquemas de instalación más frecuentes

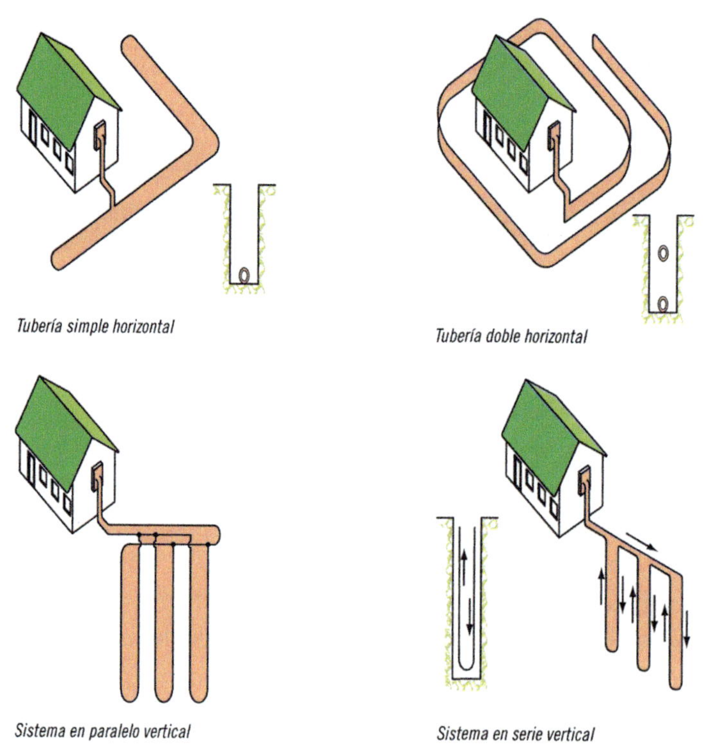

Tubería simple horizontal

Tubería doble horizontal

Sistema en paralelo vertical

Sistema en serie vertical

Para diseñar la tipología del intercambiador de calor enterrado se deberán tener en cuenta los aspectos que se detallan a continuación.

Tipologías de intercambiador

Como se ha indicado anteriormente, la selección del intercambiador dependerá de la superficie disponible de terreno, la potencia que disipar y los costes de instalación.

Generalmente las instalaciones de baja potencia o con grandes superficies disponibles utilizan los sistemas horizontales, mientras que los sistemas verticales permiten su integración con las edificaciones sin necesitar grandes superficies.

A continuación, se representan diferentes configuraciones, atendiendo a la trayectoria del flujo del refrigerante.

Flujos de circulación del refrigerante en el uso de la geotermia

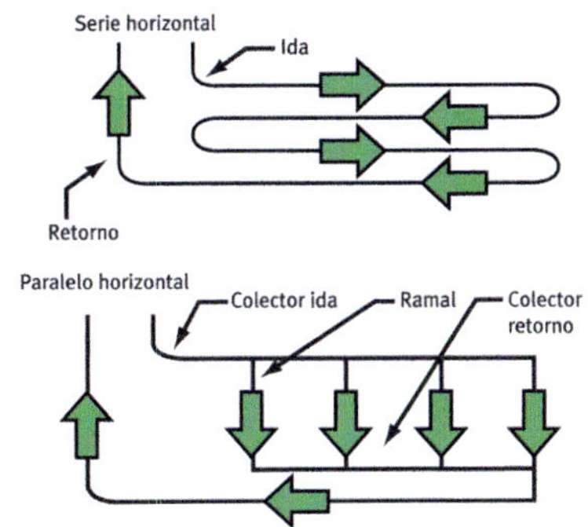

Flujo en serie/paralelo en configuración horizontal

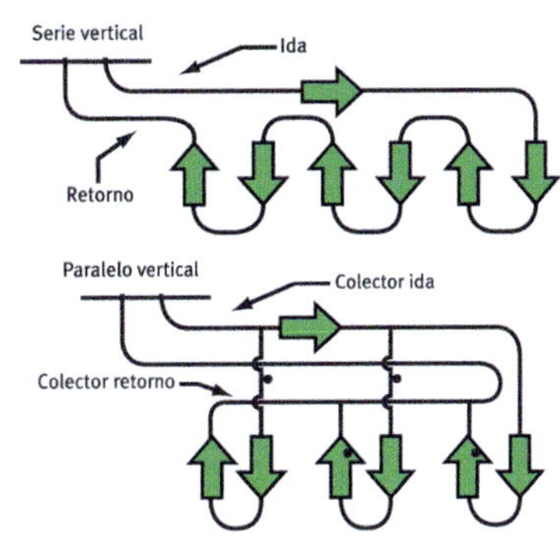

Flujo en serie/paralelo en configuración horizontal

Elección de las tuberías

Las tuberías habitualmente están fabricadas de polietileno (PE) y polibutileno (PB), resistentes y flexibles, permitiéndose su unión mediante la fusión por calor de los materiales.

Los diámetros de estas deben ser lo suficientemente amplios para reducir al máximo las pérdidas de carga y necesitar una menor potencia de bombeo.

Tanto el polietileno normal (PE) como el reticulado (PEx) y el polibutileno (PB) se adaptan correctamente a las temperaturas de trabajo del intercambiador de calor.

Dimensionamiento del intercambiador de calor enterrado

El intercambio de calor viene determinado por la diferencia de temperaturas existente entre el terreno y el fluido que circule por el intercambiador, por lo que el primer paso para dimensionarlo es establecer estas temperaturas.

Debe tenerse en cuenta que:

- Cuanta menor sea la temperatura en invierno (y más alta en verano), mayor será la diferencia con la temperatura del suelo, y menor tendrá que ser el intercambiador enterrado para el mismo intercambio de calor, por lo que la inversión será menor
- Cuanta mayor sea la temperatura en invierno (y más baja en verano), mayor será el COP del sistema, por lo que el ahorro energético será mayor.

Selección de la bomba de circulación

Para seleccionar la bomba de circulación del intercambiador de calor se debe tener en cuenta el caudal fijado por la bomba de calor y la caída de presión del ramal del intercambiador más desfavorable.

Sabía que...

La Asociación Técnica Española de Climatización y Refrigeración (ATECYR) desarrolló para el Instituto para la Diversificación y Ahorro de la Energía (IDAE) la *Guía técnica de diseño de sistemas de intercambio geotérmico de circuito cerrado,* en la que se recogen todos los aspectos básicos que se deben tener en cuenta para diseñar e instalar un sistema de intercambio geotérmico.

Actividades

17. Investigue sobre de la posibilidad de desarrollar un sistema de climatización geotérmico en el que se utilice una red que incluya una horizontal y otra vertical trabajando conjuntamente.
18. Analice si es factible instalar un sistema de climatización geotérmico en un edificio que esté cerca de la playa.

12. Resumen

El objetivo de los sistemas de climatización es generar frío o calor, según se demande, para adecuar las estancias a las temperaturas de confort adecuadas a las personas o elementos que se alojan en su interior.

El Reglamento de Instalaciones Térmicas en los Edificios establece que la climatización consiste en conseguir que un espacio cerrado adquiera las condiciones de temperatura, humedad relativa, calidad, limpieza y purificación del aire necesarias para la salud o comodidad de las personas que lo ocupan y para la conservación de los elementos que alberga en su interior.

En cuanto al confort, se deben tener en cuenta el aire (que es el medio con el que interactúan las personas y el entorno), las condiciones del espacio que se debe climatizar y las condiciones específicas de las personas que no se pueden modificar.

Además de los aspectos anteriores, también influyen la iluminación, la ocupación, la radiación solar, la ventilación y la temperatura exterior a la hora de climatizar una estancia.

Los equipos de refrigeración se pueden clasificar en:

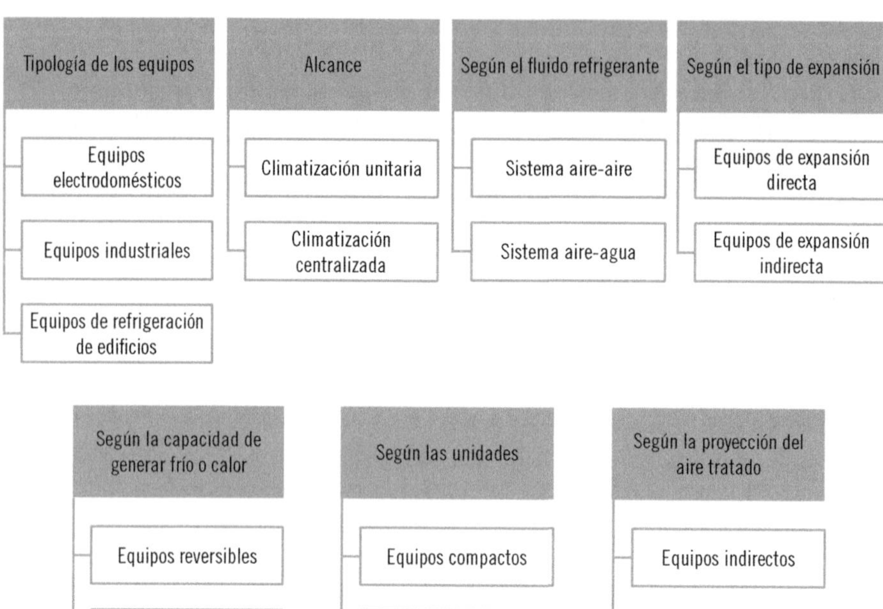

Los sistemas de climatización tienen como misión fundamental refrigerar la zona asignada, para lo cual están integrados por distintas unidades según sea la labor desempeñen. Entre ellas se encuentran los equipos de control y regulación, los elementos terminales, los de transporte o tratamiento y los de generación de frío.

La energía térmica puede generarse en modo calefacción (producción de calor) o en modo refrigeración (producción de frío). Para el transporte de la energía eléctrica generada se suelen utilizar sistemas de cuatro tuberías, que permiten que los equipos generen frío y calor a la vez, para lo que es necesario que estos cuenten con una válvula de cuatro vías.

Las unidades de tratamiento del aire (UTA) se encargan de tratarlo e impulsarlo hacia los habitáculos que climatizar, a través de una serie de conductos. Estas unidades únicamente realizan los tratamientos necesarios en el aire antes de ser entregado a los habitáculos que tengan asociados, para lo que filtran y controlan la calidad el aire, controlan la temperatura, monitorizan la humedad relativa y renuevan el aire de forma regular, sin que el usuario tenga que realizar ninguna acción sobre ellas.

Las UTA están compuestas de distintos apartados. Los más habituales son los que se recogen en la imagen siguiente:

Esquema de configuración de una UTA

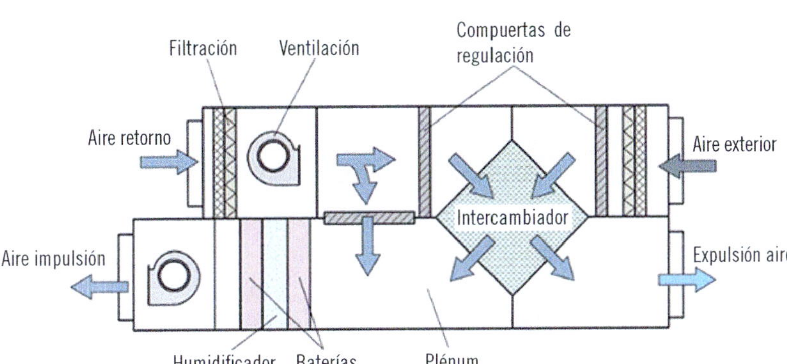

Los ciclos de refrigeración pueden desarrollarse por compresión o por absorción. El más habitual es el primero de ellos, cuyo ciclo de funcionamiento es el siguiente:

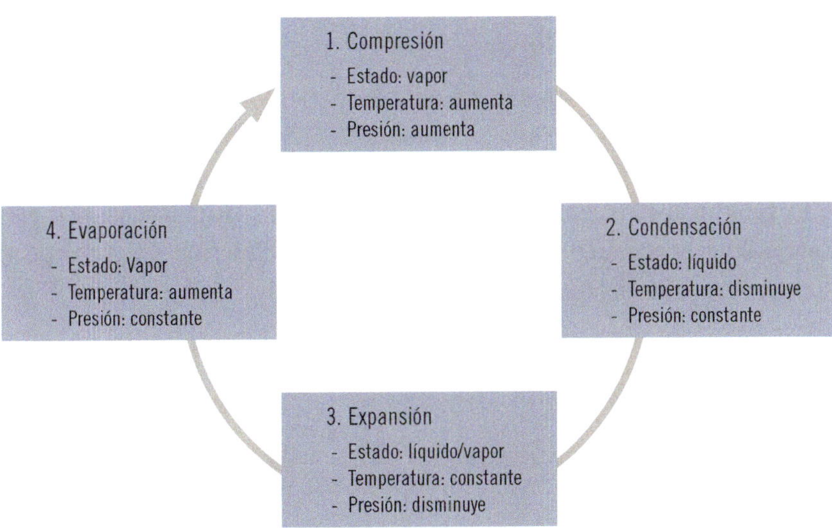

Las bombas de calor tienen elementos comunes con las instalaciones frigoríficas. Están destinadas a calefactar la ubicación deseada, para lo cual absorben el aire del exterior y lo envían, después de tratarlo, al habitáculo que tienen asociado.

Las unidades de tratamiento de aire pueden clasificarse, según el tratamiento del aire que realicen, en:

- Equipos todo aire exterior
- Equipos de mezcla de aire
- Equipos todo recirculación

Otros elementos muy usados para la climatización de grandes áreas son las torres de refrigeración, que transmiten a la atmósfera el calor excedente de los equipos de climatización o procesos industriales.

Las torres de refrigeración se pueden clasificar en:

- Sistemas de tiro natural
- Basados en efecto chimenea
- Basados en el efecto Venturi
- Sistemas con apoyo a la ventilación
- De tiro forzado.
- De tiro inducido

Los depósitos de inercia son acumuladores de agua fría o caliente destinados a almacenar el agua (fría o caliente) de la red de transporte primaria.

La geotermia es una energía renovable basada en el aprovechamiento de la energía almacenada bajo la superficie terrestre, pero no bajo las masas de agua superficiales, continentales o marinas.

Ejercicios de repaso y autoevaluación

1. Indique si las siguientes afirmaciones son verdaderas o falsas:

a. La finalidad de los equipos de climatización es adecuar las estancias a los valores de confort definidos por los usuarios.

- ☐ Falso
- ☐ Verdadero

b. Los equipos de climatización únicamente pueden trabajar en modo refrigeración.

- ☐ Falso
- ☐ Verdadero

c. La climatización de una estancia únicamente tiene en cuenta la temperatura de esta.

- ☐ Falso
- ☐ Verdadero

2. Enumere los factores que se engloban dentro del término *bienestar*.

____

____

3. Complete la siguiente afirmación:

____________ consiste en conseguir que un ____________ alcance las ____________ de ____________ para que los ____________ que se encuentren en ella estén ____________.

4. ¿Dentro de qué valores se establece el calor propio que puede generar una persona?

a. Entre 150 y 250 W
b. Entre 1.500 y 2.500 W
c. Entre 80 y 150 W
d. Las personas no generan calor.

5. Enumere las unidades que conforman un sistema de calefacción.

____

____

6. En los métodos de transporte de calor el sistema utilizado para permitir que el mismo equipo pueda generar calor y frío al mismo tiempo es el sistema de...

a. ... una tubería.
b. ... dos tuberías.
c. ... tres tuberías.
d. ... cuatro tuberías.

7. ¿Cuál es la parte de la unidad de tratamiento de aire (UTA) encargada de retener los virus, bacterias y las partículas del aire, y purificarlo?

a. Entrada de aire
b. Intercambiadores
c. Filtros
d. Ventiladores

8. Los equipos utilizados en la climatización para la generación de frío pueden trabajar en...

a. ... un ciclo de contención.
b. ... un ciclo de compresión.
c. ... un ciclo de absorción.
d. Las opciones b y c son correctas.

9. ¿Cuál es la finalidad de las válvulas de cuatro vías?

10. Enumere los elementos que componen un circuito frigorífico.

11. Los sistemas que albergan todos sus componentes en una misma unidad y que están diseñados para ser instalados en los falsos techos o terrazas son...

    a. ... los sistemas centralizados aire – aire.
    b. ... los sistemas centralizados aire – agua.
    c. ... los sistemas centralizados agua – agua.
    d. ... los sistemas centralizados agua – aire.

12. Explique el funcionamiento de una bomba de calor.

13. Las válvulas que controlan automáticamente el caudal y la temperatura del fluido refrigerante, abriendo o cerrando los circuitos según las condiciones que deba tener el elemento refrigerante, son...

    a. ... las válvulas termostáticas.
    b. ... las válvulas termobáricas.
    c. ... las válvulas termoeléctricas.
    d. Las opciones a y c son correctas.

14. Explique por qué motivo las unidades de tratamiento de aire (UTA) no se pueden considerar equipos de climatización.

____

____

____

____

15. ¿Qué real decreto establece que las torres de enfriamiento deben limpiarse y desinfectarse antes de ponerlas en marcha?

a. Real Decreto 842/2002
b. Real Decreto 39/1997
c. Real Decreto 487/2022
d. Todas las opciones son incorrectas.

Capítulo 3

Redes de transporte

Contenido

1. Introducción
2. Ventiladores. Tipos y características
3. Redes de conductos
4. Aislamiento térmico de conductos
5. Compuertas: tipos y características
6. Resumen

1. Introducción

En las unidades anteriores se ha realizado un análisis de los distintos sistemas de generación de frío o calor y los equipos que se pueden utilizar, entre los que se encuentran las bombas de calor, la geotermia o las unidades de tratamiento de aire.

El aire es el elemento fundamental que se encuentra en todos los sistemas de climatización, por lo que su distribución y tratamiento son aspectos básicos que deben cuidarse, para lo cual se deben controlar las pérdidas de temperatura y el flujo con el que se suministra.

Es fundamental un correcto diseño de las redes de transporte del aire una vez que se ha tratado para garantizar la climatización requerida en las estancias asociadas al sistema de climatización.

2. Ventiladores. Tipos y características

Los ventiladores son equipos fundamentales para el funcionamiento de un sistema de climatización, puesto que se encargan de mover el aire desde el equipo climatizador hacia la ubicación que climatizar.

Definición

Ventilador
Dispositivo que mueve e impulsa el aire gracias al giro de las aspas que lleva asociadas.

El ventilador es el equipo responsable de mover una masa de aire, a la que le debe aumentar la presión para que pueda desplazarse por la estancia. Para lograrlo recibe energía mecánica, habitualmente procedente de un motor eléctrico mediante el que consigue mantener un flujo de aire constante.

El caudal de aire que se debe suministrar a cada estancia se puede determinar si se conocen la presión y la velocidad del aire aportado a esta.

Existen dos grandes grupos de ventiladores:

- **Axiales:** impulsan el aire en la misma dirección en la que giran las aspas.
- **Centrífugos:** impulsan el aire perpendicularmente al eje de rotación. Son los más usados cuando se debe impulsar el aire utilizando conductos.

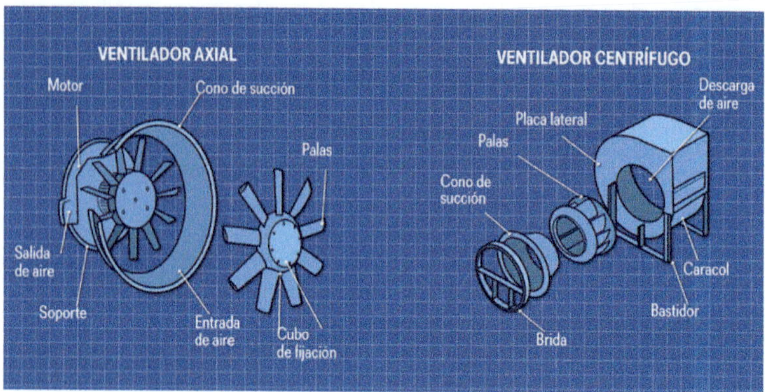

Partes que integran un ventilador axial y otro centrífugo

Entre los distintos elementos constructivos que componen un ventilador se encuentran:

- **Cojinetes:** su función es mantener centrado el eje del motor, de forma que cuando se produzca el movimiento rotativo no esté descompensado.
- **Controlador:** elemento opcional que permite regular la velocidad de giro del rotor a las condiciones establecidas para el sistema.
- **Elemento rotativo:** parte encargada de generar la corriente de aire, aprovechando la energía mecánica transmitida por el motor. Suele estar integrado por el rotor que conecta el motor con la hélice (en el caso de ventiladores axiales) o con el rodete (en el caso de los ventiladores centrífugos).
- **Motor eléctrico:** elemento responsable de la transformación de la energía eléctrica en mecánica, con la que se consigue el movimiento de la hélice o del rodete.
- **Soporte:** parte en la que se fijan los elementos móviles del ventilador.

2.1. Leyes de los ventiladores

Los ventiladores siguen las denominadas "leyes de los ventiladores", que permiten determinar la variación del caudal, la presión y la potencia absorbida por el ventilador si varían las condiciones de funcionamiento. Aplicando estas leyes a la velocidad de giro del ventilador, se puede establecer lo siguiente:

- El caudal es proporcional a la relación de velocidades.

caudal $Q_1/Q_2 = n_1/n_2$ velocidad de giro (rpm)

- La presión es proporcional al cuadrado de la relación de velocidades de giro.

presión $P_1/P_2 = (n_1/n_2)^2$ velocidad de giro (rpm)

- La potencia absorbida es proporcional al cubo de la relación de velocidades de giro.

potencia $PT_1/PT_2 = (n_1/n_2)^3$ velocidad de giro (rpm)

Aplicación práctica

Suponga un ventilador que gira a 1.350 r.p.m. para suministrar un caudal de 1.500 m^3/h a una presión de 20 mm.c.d.a. (milímetros de columna de agua). Si la potencia absorbida por el motor del ventilador es de 1.750 W, se pide determinar el caudal, la presión y la potencia absorbida si el motor girase a 1.700 r.p.m.

Continúa en página siguiente >>

<< Viene de página anterior

SOLUCIÓN

Cálculo del **caudal:**

$$Q_1/Q_2 = n_1/n_2$$

$$Q_2 = Q_1 \times n_2/n_1$$

$$Q_2 = (1.500) \times (1.700/1.350)$$

$$Q_2 = (1.500) \times (1,25)$$

$$\mathbf{Q_2 = 1.875\ m^3/h}$$

Cálculo de la **presión:**

$$P_1/P_2 = (n_1/n_2)^2$$

$$P_2 = P_1 \times (n_2/n_1)^2$$

$$P_2 = (20) \times (1.700/1.350)^2$$

$$P_2 = (20) \times (1,25)^2$$

$$\mathbf{P_2 = 31,25\ mm\ c.d.a}$$

Continúa en página siguiente >>

<< Viene de página anterior

Cálculo de la **potencia:**

$$Pt_1/Pt_2 = (n_1/n_2)^3$$

$$Pt_2 = Pt_1 \times (n_2/n_1)^3$$

$$Pt_2 = (1.500) \times (1.700/1.350)^3$$

$$Pt_2 = (1.500) \times (1,25)^3$$

$$\mathbf{Pt_2 = 4.417,97\ W}$$

Actividades

1. Calcule el caudal, la presión y la potencia si el ventilador de la aplicación práctica anterior girase a 2.000 r.p.m.

Atendiendo a los parámetros de los ventiladores, se puede establecer que:

Si varía...	y permanece constante...	se cumple...
Diámetro hélice (d)	Velocidad Densidad Punto de funcionamiento	**El caudal** es proporcional al cubo de la relación de diámetros. **La presión** es proporcional al cuadrado de la relación de diámetros. **La potencia absorbida** es proporcional a la quinta potencia de la relación de diámetros.

Continúa en página siguiente >>

<< Viene de página anterior

Si varía...	y permanece constante...	se cumple...
Velocidad de rotación (n)	Diámetro de la hélice Densidad	**El caudal** es proporcional a la relación de velocidades. **La presión** es proporcional al cuadrado de la relación de velocidades. **La potencia absorbida** es proporcional al cubo de la relación de velocidades.
Densidad del aire (r)	Caudal Velocidad	**El caudal** es proporcional a la relación de densidades. **La potencia absorbida** es proporcional a la relación de densidades.

2.2. Recomendaciones para seleccionar un ventilador

Si se incorpora un ventilador en un sistema de refrigeración, se deben tener en cuenta algunas recomendaciones, entre las que se encuentran:

- Se debe **seleccionar** el ventilador adecuado atendiendo a su curva característica, a su caudal (Q) y a su presión (P).
- El **sentido de giro** debe ser el indicado por el fabricante, puesto que en caso contrario se disminuye la eficiencia de este o se provoca un mal funcionamiento.
- Se debe **ubicar** en un punto de la instalación que no interfiera con el resto de los equipos de otras instalaciones y en el que se garantice el funcionamiento correcto del ventilador.
- Se deben identificar las **condiciones** ambientales y del entorno en el que se va a instalar y en el que va a trabajar el ventilador.
- Hay que **revisar** las entradas de aire de forma regular para garantizar la entrada y sustitución del aire de la instalación.
- Se debe prestar especial atención al **ruido** y a las **vibraciones** del equipo, para que no resulten molestas a las personas que se encuentren alrededor de él.
- Se debe **analizar la transmisión** entre el eje y el elemento giratorio.

2.3. Clasificación de los ventiladores

Una clasificación posible de los ventiladores es la que se expone a continuación:

- Según su función:
  - Ventiladores con envolvente
    - Extractores
    - Impulsores
    - Impulsores-extractores
  - Ventiladores murales
  - Ventiladores de chorro
- Según la trayectoria del aire
  - Centrífugos
  - Axiales
  - Helicocentrífugos
  - Tangenciales
- Según la transmisión del movimiento
  - Directo
  - Por transmisión
- Según la presión a la que trabajan
  - Baja presión (presión inferior a 70 Pa)
  - Media presión (presión entre 70 y 3.000 Pa)
  - Alta presión (presión superior a 3.000 Pa)

Actividades

2. Investigue acerca de otros métodos de transmisión del movimiento desde el motor hasta la hélice o el rodete, además de los indicados anteriormente.

2.4. Ventiladores centrífugos

Los ventiladores centrífugos son aquellos en los que el aire entra paralelamente al eje del motor y sale perpendicularmente a este formando un ángulo de 90º.

Se caracterizan por proporcionar menores caudales de aire que los helicoidales, pero con una mayor presión.

Ventilador centrífugo

El cubo del ventilador aloja el rodete del ventilador en su interior para mover el aire, de forma que, según se dispongan los álabes de este, se modificarán las características del aire impulsado. Atendiendo a esta disposición de los álabes se pueden encontrar los que se describen a continuación.

De álabes curvados hacia adelante

También conocidos como multipalas, debido a que tienen una gran cantidad de álabes de poca altura. Los álabes están curvados, en la misma dirección que el sentido de giro del rodete, como si fuesen cucharas, de forma que mueven mayores masas de aire que otros sistemas.

Son usados en ventiladores residenciales en los que el ruido es un elemento que se debe tener en cuenta. No se recomienda su uso en ambientes polvorientos, puesto que la separación entre los álabes es muy pequeña y cualquier partícula o suciedad puede desequilibrar el rodete.

Definición

Álabe
Cada una de las paletas curvas o planas que integran una rueda hidráulica o una turbina.

De álabes curvados hacia atrás

Los rodetes con los álabes curvados hacia atrás están formados por un conjunto de álabes en sentido contrario al sentido de giro del rodete.

Estos ventiladores presentan un mejor rendimiento y una mayor eficiencia, puesto que se reducen el choque y las pérdidas por remolinos que se generan en el funcionamiento normal.

Es habitual encontrarlos en las instalaciones de ventilación y calefacción en las que hay poco polvo.

El mayor inconveniente que presentan es que fácilmente acumulan sólidos, debido a la curvatura de los álabes.

De álabes rectos o radiales

Estos rodetes son capaces de alcanzar velocidades medias de aire capaces de transportar partículas en ellos.

Son un modelo de ventilador muy utilizado en las instalaciones de extracción localizada de aire, como los puestos de soldadura.

Son los equipos menos sensibles a la acumulación de sólidos en los álabes, aunque se caracterizan por la generación de una mayor cantidad de ruido durante su funcionamiento.

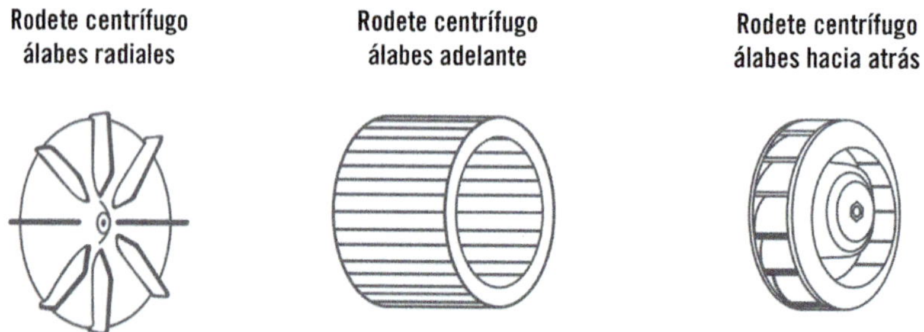

Distintos rodetes con las tipologías de álabes descritas

2.5. Ventiladores helicoidales

La característica fundamental de los ventiladores helicoidales o axiales es que el aire se genera paralelamente al eje de giro, de forma que el flujo de aire sale impulsado y girando sobre sí mismo. Para eliminar el giro del aire que sale del equipo será suficiente con colocar unas palas fijas. Este tipo de ventiladores se usan para mover grandes caudales de aire a bajas presiones, con el inconveniente del ruido que generan.

Sabía que...

Los ventiladores axiales se denominan helicoidales por la forma (helicoidal) que tiene el aire al salir.

Dentro de este grupo de ventiladores se encuentran los siguientes:

- **Ventiladores murales** o de pared, en los que el aire que captan lo descargan en el mismo habitáculo, como es el caso de los ventiladores industriales usados en granjas, pabellones, etc.

Ventiladores murales instalados en una granja

- **Ventiladores tubulares:** canalizan el aire mediante una envolvente circular que se coloca alrededor de las aspas. Se usan en la extracción de aire localizado, como pueden ser los garajes.

Ventilador tubular instalado en un invernadero

Actividades

3. Investigue acerca de los ventiladores helicocentrífugos que incorporan prestaciones de los centrífugos y de los helicoidales.
4. Realice un listado de aplicaciones posibles que puedan tener los ventiladores helicocentrífugos.

2.6. Curvas de trabajo

Llegado el momento de seleccionar un ventilador, no hay que fijarse exclusivamente en el caudal de aire que es capaz de mover sin conectarlo a ninguna conducción. Se deben tener en cuenta otros aspectos, como la pérdida de carga, que el ventilador sufre conforme se aumenta la longitud de las conducciones.

Pérdida de caudal con la longitud

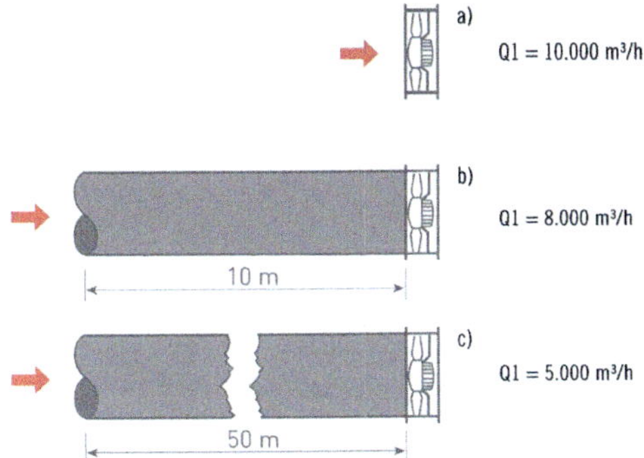

Comparativa de la pérdida de caudal de una tubería atendiendo a su longitud.

Cuanto más largo sea el conducto por el que tiene que circular el aire y más accesorios (curvas, estrechamientos, tes, etc.) incorpore, menor será el caudal de aire que entregue

La curva característica de un ventilador es la que se obtiene mediante ensayo en un laboratorio. En ella se relacionan la presión (P) que debe vencer el ventilador y el caudal (Q) de aire que tiene que impulsar.

Importante

Cuanto mayor sea la presión que deba proporcionar un ventilador para compensar la pérdida de carga en los sistemas de distribución, menor será el caudal desplazado.

Para cada modalidad de ventilador existe una curva de trabajo diferente.

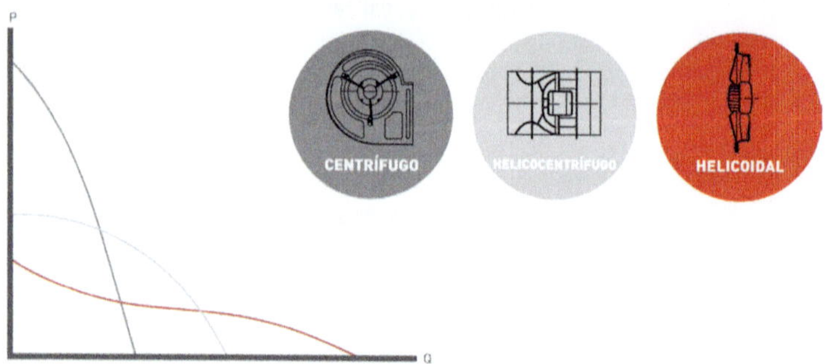

Curvas características de los distintos tipos de ventiladores

De la imagen anterior se pueden extraer las siguientes conclusiones:

- A igualdad de caudal impulsado (Q), los ventiladores centrífugos generan mayores presiones que los helicocentrífugos y estos mayores que los helicoidales.
- Los ventiladores centrífugos mueven menores caudales que los helicocentrífugos y estos menos que los helicoidales.
- Los ventiladores más adecuados cuando los caudales son grandes y las presiones pequeñas son los helicoidales.
- Los ventiladores centrífugos son los más indicados para mover caudales pequeños a presiones elevadas.
- Los ventiladores helicocentrífugos son los más adecuados para caudales y presiones medianas.

Curvas características

En las curvas características se suelen representar habitualmente los valores correspondientes a las siguientes presiones:

- **P_e:** es la presión estática o presión del aire debida a su peso.
- **P_d:** es la presión dinámica debida a la velocidad del aire.
- **P_t:** es la presión total que corresponde con la suma de las presiones estática y dinámica.

Estas presiones se miden en unidades de presión, como mm.c.d.a., pascales, bares o cualquier otra unidad de medida relacionada con la presión.

En todo momento se cumple la siguiente ecuación:

$$P_T=P_e+P_d$$

Curva característica de un ventilador

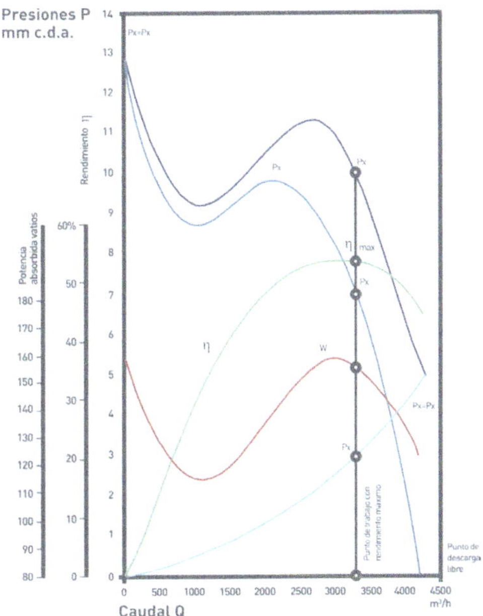

Curva característica de un ventilador

Del gráfico anterior se pueden obtener las siguientes conclusiones:

- Si no existe presión estática, el ventilador alcanza el máximo caudal de aire que puede mover, igualándose la presión total y la dinámica.
- Cuando el ventilador reduce su caudal, se reduce la presión dinámica, lo que puede provocar que la presión total sea igual a la estática.
- En la gráfica anterior se muestra la curva de potencia absorbida (al lado izquierdo en W), que muestra la potencia que consume el motor que acciona el ventilador (en la imagen corresponde con los 3.000 m^3 /h).

Es habitual representar, además de las magnitudes anteriores, el rendimiento (η) en porcentaje, lo que dependerá del caudal de aire que se mueva.

Sabía que...

El conjunto de curvas compuesto por las curvas de presión, rendimiento y potencia absorbida recibe el nombre de característica de un ventilador.

La curva característica de un ventilador muestra la información correspondiente a su comportamiento atendiendo al caudal y a la presión de trabajo. Habitualmente, en los catálogos comerciales únicamente se muestra la curva de presión estática.

Aplicación práctica

¿Podría un ventilador con la curva característica igual a la mostrada en la imagen anterior suministrar un caudal de 2.000 m³/h? ¿Y si debiera suministrar 4.500 m³/h? Determine las presiones estática, dinámica y final, además del rendimiento del ventilador, en el caso de que el ventilador sea capaz de suministrar el caudal indicado.

SOLUCIÓN

Si se traza una línea vertical en la medida correspondiente a un caudal de 2.000 m³/h, se observa que las presiones de trabajo y el rendimiento no son adecuados para utilizarlo.

Si se traza una línea correspondiente al caudal de 4.500 m³/h, se observa que sí que es adecuado, puesto que sus presiones y el rendimiento son adecuados. Se obtienen los siguientes valores:

$P_e = 205$ Pa	$P_d = 75$ Pa	$P_t = 280$ Pa	H = 55 %

2.7. Punto de trabajo

Para conocer las condiciones en las que va a trabajar el ventilador, se debe analizar la curva resistente de la instalación, que relaciona la pérdida de carga de la instalación con el caudal que pasa por ella, de forma que, superponiendo las curvas características del ventilador y las del sistema, se pueda encontrar el punto de trabajo.

Curvas características de un ventilador

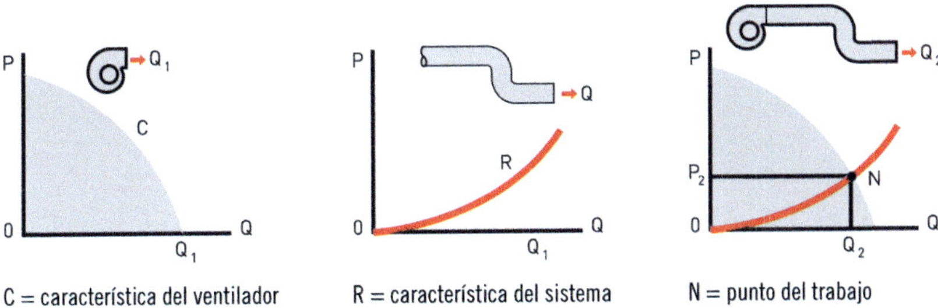

C = característica del ventilador R = característica del sistema N = punto del trabajo

Según la imagen anterior, se puede establecer que la pérdida de carga de la conducción es proporcional al cuadrado del caudal, según la siguiente fórmula:

$$\Delta P_2/\Delta P_1 = (Q_2/Q_1)^2$$

Mediante la fórmula anterior se puede calcular la característica resistente de un segundo punto (ΔP_2), conocida la pérdida de carga inicial (ΔP_1), el caudal determinado inicial (Q_1) y un supuesto segundo caudal (Q_2).

Aplicación práctica

Suponga que a través de una conducción de aire circula un caudal de 6.000 m³, lo que provoca una pérdida de carga de 3,5 mm.c.d.a. ¿Cuál será la pérdida de carga que se producirá si los caudales de aire son de 4.000 m³ y 8.000 m³ respectivamente?

SOLUCIÓN

Para un caudal de 4.000 m³

$$P_2/P_1 = (Q_2/Q_1)^2$$

$$P_2 = P_1 \times (Q_2/Q_1)^2$$

$$P_2 = 3{,}5 \times (4.000/6.000)^2$$

$$P_2 = 3{,}5 \times 0{,}6692$$

$$\mathbf{P_2 = 1{,}55\ mm\ c.d.a}$$

Para un caudal de 8.000 m³

$$P_2/P_1 = (Q_2/Q_1)^2$$

$$P_2 = P_1 \times (Q_2/Q_1)^2$$

$$P_2 = 3{,}5 \times (8.000/6.000)^2$$

$$P_2 = 3{,}5 \times 1{,}342$$

$$\mathbf{P_2 = 6{,}2\ mm\ c.d.a}$$

3. Redes de conductos

Las redes de conductos son los elementos encargados de la distribución del aire, ya sea de impulsión, aspiración, tratamiento o retorno. Su diseño es un elemento importante que tener en cuenta, puesto que influye en la calidad de aire, de forma que cualquier cambio en estos puede interferir en el aprovechamiento energético o incluso en los niveles sonoros de la instalación.

Los ventiladores generan un caudal de aire con una determinada presión en el interior del conducto principal, sobre el que se realizarán las bifurcaciones y ramales necesarios para repartir el aire por las distintas estancias.

3.1. Tipos de conductos

Los conductos que conforman las redes de conductos se pueden clasificar atendiendo a distintas características, entre las que se encuentran:

- Según el **material constructivo:** acero o fibra de vidrio.
- Según la **presión de trabajo:** alta, media o baja.
- Según su **construcción:** preformados *o in situ.*
- Según su **forma:** circulares o rectangulares.
- Según su **función:** principal, ramal, derivación o rejillas.

La mayor ventaja de los conductos de acero es que son incombustibles y que presentan una alta capacidad de resistencia al fuego.

Los conductos de fibra de vidrio suelen ser prefabricados. Están compuestos por una capa externa conformada por aluminio reforzado y una capa interna que, dependiendo del uso que se le vaya a dar, pueden ser de aluminio o de lana de vidrio.

Sabía que...

Se pueden encontrar en las instalaciones antiguas conductos realizados con escayola o yeso, que tienen el inconveniente de que presentan una gran pérdida de carga.

Actividades

5. Investigue sobre los tubos flexibles, sus características y su uso.

3.2. Parámetros que definen un conducto

A la hora de seleccionar un conducto de aire, deben tenerse en cuenta los siguientes aspectos:

- **Sección de paso:** es el área útil para la circulación del aire en el interior del conducto. Se mide en m^2.
- **Rugosidad:** dependiendo de la terminación de la pared interior del conducto, se generarán más o menos turbulencias, lo que influirá en la pérdida de carga. Cuanto más lisa sea la pared interior, menor es la rugosidad y menores las turbulencias que se crean en su interior.
- **Velocidad del aire:** este parámetro también influye en la pérdida de carga y en el nivel de ruido, lo que provoca una reducción considerable en la confortabilidad de la estancia. Las velocidades mayores a 10 m/s se consideran altas, las comprendidas entre 6 y 10 m/s se consideran medias y las inferiores a los 6 m/s se consideran bajas.
- **Presión del aire:** presión en el interior del conducto con respecto a la presión atmosférica existente en el exterior de este. Es una magnitud importante cuando se quiere calcular el flujo de aire desde el origen hasta las unidades terminales. Se mide en pascales o en mm.c.d.a.

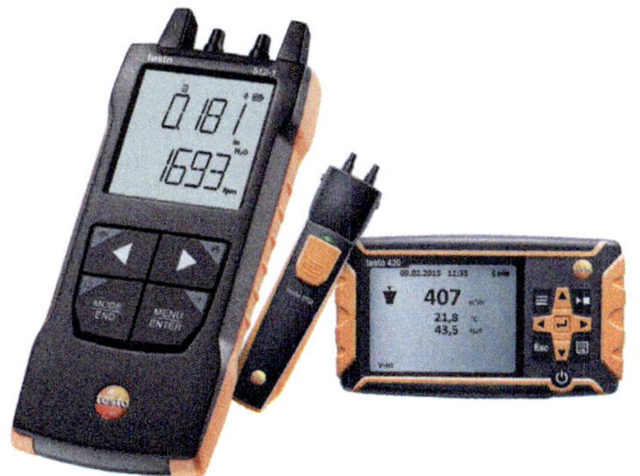

Manómetro medidor de presión diferencial

- **Caudal de aire:** volumen de aire por unidad de tiempo. Se mide en l/s (litros/segundo) o m^3/h. Realizar su medición es una tarea complicada, por lo que se recurre habitualmente al cálculo conocida la sección de paso y la velocidad del aire.

$$Q = S \times V$$

Q: caudal de aire en m^3/s

S: sección de paso en m^2

V: velocidad del aire en m/s

Importante

Para convertir el caudal de aire de l/s a m^3/h hay que multiplicar por 3.600.

3.3. Pérdida de carga

El aire, cuando circula por un conducto, choca y roza con las paredes interiores, lo que provoca una reducción en su velocidad y su presión. Cuanta mayor sea la pérdida de carga en el conducto, mayor será la presión que deba aportar el ventilador del sistema para mantener el caudal de aire exigido.

La pérdida de carga del circuito en los conductos de aire puede deberse a los siguientes factores:

- A mayor velocidad de aire, mayor es la pérdida de carga.
- Cuanto más circular sea el conducto, menor será la pérdida de carga en el conducto.
- Cuanto más rugoso sea el interior del conducto, mayor será la pérdida de carga en el interior.
- Cuanta mayor sea la longitud del conducto, mayor será la pérdida de carga.
- Cuantos más accesorios y acoplamientos se utilicen en el circuito, mayor será la pérdida de carga.

Actividades

6. Investigue acerca del funcionamiento de un equipo de medida de la presión diferencial.
7. Analice las pérdidas de carga de los distintos materiales constructivos de los conductos de ventilación basándose en los datos aportados por un fabricante en su catálogo de producto.

4. Aislamiento térmico de conductos

El aislamiento térmico de los conductos trata de mantener las condiciones del aire una vez que este sale del ventilador, por lo que debe cuidarse para conseguir que durante el movimiento desde el origen hasta su destino no se vea afectado por las condiciones ambientales del conducto, para que sea entregado en las condiciones requeridas.

Para tratar de reducir o evitar la transferencia de calor desde el ambiente hacia el interior del conducto, se utiliza un recubrimiento mediante materiales aislantes, que evitan la variación de temperatura. La variación de temperatura es un aspecto importante, puesto que afecta a todos los materiales. Se manifiesta en la contracción o dilatación de estos.

Para calcular el aislamiento necesario, hay que tener en cuenta la transmitancia térmica, que depende de la diferencia de temperatura entre los dos medios.

Transmitancia térmica
Cantidad de calor que fluye por unidad de tiempo y superficie entre un material que separa dos espacios con una diferencia de temperatura mayor a un grado centígrado.

La forma geométrica del conducto es un elemento que se debe tener en cuenta para el cálculo de la transmitancia, dependiendo de si las superficies son planas o circulares.

4.1. Superficies planas

Para calcular el aislamiento de una superficie plana, se debe tener en cuenta la alineación de las placas aislantes, que pueden ser horizontales o verticales. Se debe aplicar la siguiente fórmula:

$$d = d_{ref} \times \lambda/\lambda_{ref}$$

De acuerdo con la fórmula anterior, se puede establecer que el espesor mínimo del material empleado depende del espesor mínimo de referencia (d_{ref}) de la relación de conductividad entre el material empleado (λ) y el de referencia (λ_{ref})

El espesor mínimo del material se mide en milímetros (mm) y la conductividad térmica en $^{W}/_{m}$ K

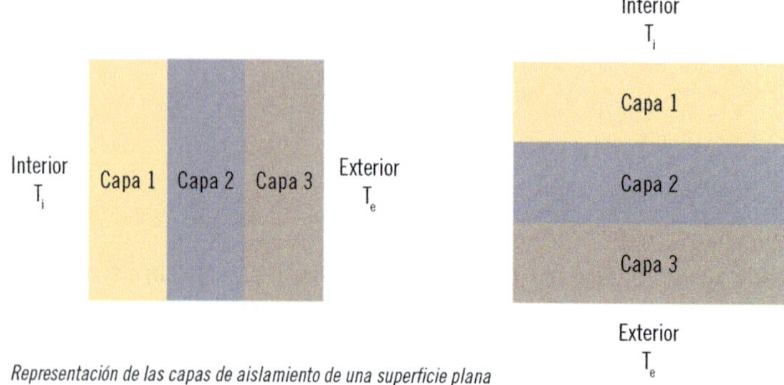

Representación de las capas de aislamiento de una superficie plana

Superficies circulares

Si por el contrario la superficie del conducto es circular, se deberá aplicar esta otra fórmula:

$$d = D/2 \times [e^{(\lambda_1/\lambda_{ref} \times \ln D+2+ d_{ref}/D)} - 1]$$

En ella se relacionan las siguientes magnitudes:

- d: espesor mínimo del material empleado (mm)
- d_{ref}: espesor mínimo de referencia (50 mm)

- λ: conductividad térmica del material empleado (W/mK)
- λ_{ref}: conductividad térmica de referencia (0,04 W/mK)

D: diámetro exterior del conducto (mm)

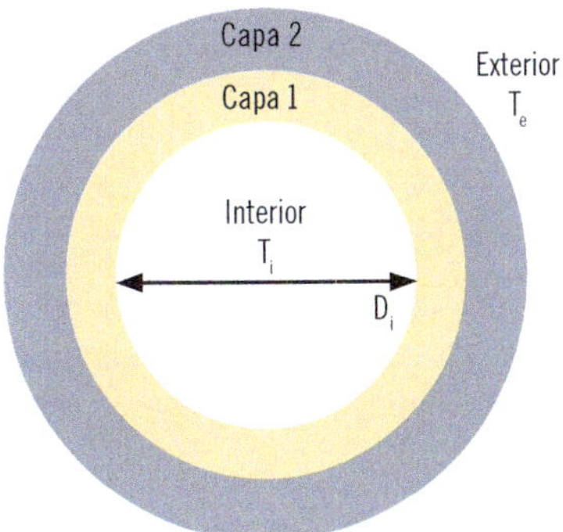

Representación del aislamiento de un conducto circular

El Reglamento de Instalaciones Térmicas en los Edificios (RITE), en la IT 1.2.4.2.2, referida al aislamiento térmico de redes de conductos, establece que los conductos y accesorios de la red de impulsión de aire dispondrán de un aislamiento térmico suficiente que garantice que no se produzca una pérdida de calor superior al 4 % de la potencia transportada y que garantice que no habrá condensaciones.

Cuando la potencia térmica nominal de la instalación sea igual o inferior a 70 kW, serán válidos los espesores de aislamiento recogidos en la tabla siguiente, siempre que los materiales tengan una conductividad térmica de referencia a 10 °C de 0,040 W/(mK):

	En interiores	**En exteriores**
Aire caliente	20 mm	30 mm
Aire frío	30 mm	50 mm

Tabla de espesores de aislamiento de conductos

Si la potencia térmica nominal de la instalación supera los 70 kW, debe justificarse que las pérdidas no superan el 4 % de la potencia transportada.

Los materiales más utilizados para el aislamiento de los conductos de aire son la lana mineral, la de vidrio y las espumas elastómeras.

Actividades

8. Analice si los datos de aislamiento aportados por el fabricante de la actividad anterior en su catálogo cumplen las especificaciones mínimas indicadas en el RITE.

5. Compuertas: tipos y características

En los sistemas de climatización que incorporan un circuito secundario de entrega de aire, se pueden encontrar dos modos distintos de climatización de la estancia: por temperatura de aire variable (TAV) o por volumen de aire variable (VAV).

Los sistemas de volumen de aire variable son los más habituales. El aire en este caso se reparte por toda la red con las mismas condiciones de temperatura y se varía el caudal entregado a las estancias que climatizar.

Para llevar a cabo esta regulación son necesarias las compuertas, que, dependiendo de su grado de apertura, permiten el bloqueo del aire o una regulación en la entrada de este, lo que facilita la climatización de la estancia. Este sistema permite, mediante la variación del caudal, gracias a la apertura o cierre de la compuerta, la climatización de la estancia.

Las compuertas se pueden clasificar atendiendo a diferentes criterios:

- Según su accionamiento:
  - **Motorizadas:** son accionadas por un motor controlado por un sistema de regulación que ajusta la apertura de la compuerta para climatizar adecuadamente la estancia.
  - **Sobrepresión:** se accionan cuando la presión del aire es superior al valor preestablecido. Su calibración debe hacerse de forma manual. Utilizan un resorte o contrapeso.
  - **Manuales:** se accionan mediante un mando manual. No permiten la regulación, por lo que permanecen siempre en el mismo estado.
- Según su diseño:
  - **De mariposa:** habitualmente son de sección circular. Su regulación se lleva a cabo mediante una placa del mismo diámetro que el conducto que gira sobre un eje, regulando el caudal de aire. Cuanto mayor sea el paralelismo de la placa con el flujo de aire, mayor será la cantidad de aire que permita pasar.
  - **De guillotina:** se regula el caudal de aire mediante un sistema de placas perpendiculares al conducto. De acuerdo con la superficie que ocupan estas placas, se regula el paso del aire, extrayéndolas totalmente cuando se desea tener el mayor caudal de aire posible. Se pueden accionar de forma manual o automática.
  - **De lamas:** está compuesto por un grupo de lamas que giran sobre su eje longitudinal. Pueden ser lamas horizontales, verticales, paralelas u opuestas. Se pueden accionar de forma manual o automática.
- Según su ubicación con respecto al ventilador:
  - **Entrada:** regulan el caudal de aire suministrado al ventilador.
  - **Salida:** regulan el caudal de aire que sale del ventilador y que es impulsado al conducto.

6. Resumen

Los equipos fundamentales para el funcionamiento de un sistema de climatización son los ventiladores, que son los encargados de mover el aire desde el equipo climatizador hasta la estancia que deben climatizar.

Los ventiladores pueden ser axiales (si impulsan el aire en la misma dirección de las aspas) o centrífugos (si lo hacen de forma perpendicular).

Si se conoce la velocidad de giro del ventilador se puede establecer que:

- El caudal es proporcional a la relación de velocidades.
- La presión es proporcional al cuadrado de la relación de velocidades de giro.
- La potencia absorbida es proporcional al cubo de la relación de velocidades de giro.
- Los ventiladores pueden clasificarse:
- Según su función: extractores, impulsores y extractores.
- Según la trayectoria del aire: centrífugos, axiales, helicocentrífugos y tangenciales.
- Según la transmisión del movimiento: directo y por transmisión.
- Según la presión a la que trabajan: baja, media y alta.

La curva característica de un ventilador se obtiene mediante ensayo en un laboratorio. En ella se relaciona la presión (P) que debe vencer el ventilador y el caudal (Q) de aire que tiene que impulsar.

Las redes de conductos son los elementos encargados de la distribución del aire, ya sea de impulsión, aspiración, tratamiento o retorno. Se pueden clasificar en:

- Según el material constructivo: acero o fibra de vidrio.
- Según la presión de trabajo: alta, media o baja.
- Según su construcción: preformados o in situ.
- Según su forma: circulares o rectangulares.
- Según su función: principal, ramal, derivación o rejillas.

En los sistemas de climatización que incorporan un circuito secundario de entrega de aire se pueden encontrar dos sistemas de climatización de la estancia: por temperatura de aire variable (TAV) o por volumen de aire variable (VAV).

Ejercicios de repaso y autoevaluación

1. Indique si las siguientes afirmaciones son verdaderas o falsas:

a. El aire es un elemento fundamental que se encuentra en todos los sistemas de climatización.

- ☐ Falso
- ☐ Verdadero

b. En la distribución de aire no se debe controlar ni la temperatura ni el flujo.

- ☐ Falso
- ☐ Verdadero

c. Los ventiladores son los elementos encargados de adecuar las características del aire a las condiciones establecidas.

- ☐ Falso
- ☐ Verdadero

2. Enumere las características de los dos grandes grupos de ventiladores existentes.

____
____
____
____

3. Complete la siguiente afirmación:

El ____________ es el ____________ que ____________ e ____________ el ____________ gracias al giro de las ____________ que lleva asociadas.

4. El elemento cuya función es mantener centrado el eje del ventilador es...

a. ... el soporte.
b. ... el controlador.
c. ... el cojinete.
d. ... el motor.

5. Enumere las leyes de los ventiladores.

____
____
____
____

6. El ventilador asociado a un sistema de climatización debe seleccionarse...

a. ... su curva característica.
b. ... su caudal.
c. ... su presión.
d. Todas las opciones son correctas.

7. ¿Qué subcategoría de los ventiladores NO corresponde con la clasificación atendiendo a la presión a la que trabajan?

a. Baja presión
b. Media presión
c. Presión ambiental
d. Alta presión

8. Los ventiladores centrífugos se caracterizan por...

a. ... proporcionar mayores caudales de aire con menores presiones de trabajo.
b. ... proporcionar menores caudales de aire con menores presiones de trabajo.
c. ... proporcionar mayores caudales de aire con mayores presiones de trabajo.
d. ... proporcionar menores caudales de aire con mayores presiones de trabajo.

9. Complete la siguiente afirmación:

Los ____________ ____________ se denominan ____________ por la forma (____________) que tiene el aire de salir de ellos.

10. Defina lo que se entiende por curva característica de un ventilador.

____

____

____

____

11. Cuanta mayor sea la presión que deba proporcionar un ventilador para compensar la pérdida de carga...

a. ... menor será el caudal desplazado.
b. ... mayor será el caudal desplazado.
c. ... mayor será el sistema de distribución.
d. Todas las opciones son incorrectas.

12. Enumere y explique las distintas presiones características de un ventilador.

____

____

____

____

13. ¿En qué unidades se miden las presiones características de los ventiladores?

a. Pascales
b. Bares
c. Mm.c.d.a
d. Todas las opciones son correctas.

14. ¿Qué nombre recibe el conjunto de curvas de presión, rendimiento y potencia absorbida de un ventilador?

a. Curva de presiones
b. Curva de trabajo
c. Curva característica
d. Todas las opciones son incorrectas.

15. ¿Qué curva es la que se representa habitualmente en los catálogos de los fabricantes?

a. Curva de presión total
b. Curva de presión dinámica
c. Curva de presión estática
d. Curva de presión longitudinal

Capítulo 4

Equipos terminales de climatización

Contenido

1. Introducción

En los capítulos anteriores se ha tratado la generación de frío y calor. Ahora se analizarán los equipos terminales de climatización como dispositivos encargados de ceder el calor o el frío a la estancia que climatizar.

Su diseño y dimensionamiento deben ser adecuados para garantizar que las temperaturas de las estancias sean las deseadas y no provoquen una situación en la que el confort no es el adecuado para las personas y equipos alojados en su interior.

2. Unidades de tratamiento de aire

Las unidades de tratamiento de aire (UTA) son equipos que tratan el aire y le confieren las condiciones establecidas para alcanzar el grado de confort definido para las distintas estancias.

Importante

Estos equipos no generan energía térmica, sino que procesan el aire para conseguir las condiciones requeridas en la estancia que climatizar.

Las unidades de tratamiento de aire son equipos modulares compuestos por distintas secciones que realizan una acción sobre el aire.

Imagen de una unidad de tratamiento de aire

2.1. Sección de ventiladores

Esta sección es la encargada de regular el caudal de aire y conseguir las condiciones de climatización de la estancia asociada. Suele estar compuesta por varios ventiladores, habitualmente centrífugos.

En el caso de que se necesite un sistema de ventilación en el que el aire juegue un papel importante, se pueden colocar dos secciones de ventiladores, una en cada extremo de la UTA. Estas unidades se denominan de impulsión *(forward)* y de retorno *(backward)*. Permiten la impulsión únicamente del aire necesario.

2.2. Sección de intercambiadores de frío y calor

Esta sección, denominada batería, es similar a los condensadores y evaporadores de aire. Tiene como misión calentar o enfriar el aire.

Las baterías de refrigeración o frío se identifican con el símbolo negativo (–) y las de calefacción o calor con el símbolo positivo (+).

Si no se alcanzan los niveles esperados de climatización mediante las baterías de calefacción, se deben instalar resistencias eléctricas de apoyo.

2.3. Sección de filtros y prefiltros

Si se desea acondicionar el aire correctamente, se deben eliminar las posibles partículas que este pueda contener, para lo que se utilizan los filtros o prefiltros.

Sabía que...

En aquellas instalaciones en las que se requiere de una muy buena calidad de aire, se utilizan diferentes filtros, colocados en serie, destinados a distintos tamaños de partículas.

Para los gases disueltos en el aire se utilizan filtros de carbón activo. Para partículas grandes y fibras se suelen usar prefiltros de tela metálica y fieltro.

Actividades

1. Investigue acerca de las características del filtro HEPA.

2.4. Sección de humidificación

Esta sección tiene como misión alcanzar los niveles de humedad en el aire que garanticen la confortabilidad de la estancia que climatizar. Para ello se debe aumentar o disminuir la humedad.

La humidificación se puede conseguir por los siguientes medios:

- **Agua a presión:** se pulveriza agua de la red sobre el flujo de aire mediante el uso de inyectores. Puede presentar problemas debidos a la cal existente en el agua de la red.
- **Fieltro o malla:** se humedecen los elementos, de forma que, al ser atravesados por el aire, adquieren la humedad necesaria.
- **Resistencia eléctrica:** una bandeja con agua que incorpora una resistencia eléctrica evapora el agua, que se mezcla con el aire del habitáculo.

Se pueden establecer dos tipos de humidificación:

- **Humidificación evaporativa:** se hace pasar un flujo de aire caliente a través de un panel de fibra de vidrio. Este aire al atravesar el panel aumenta su humedad gracias al agua que recoge.
- **Humidificación por vapor:** un equipo externo a la UTA genera el vapor necesario y a través de diferentes conductos se inyecta en la unidad de tratamiento, conforme sea necesario.

2.5. Sección de mezcla

Esta sección tiene como misión la expulsión de parte del aire que viene de la estancia que climatizar e incorporar la misma cantidad de aire al circuito para que el sistema esté equilibrado.

Las secciones de mezcla suelen acompañarse de unidades de recuperación, para aprovechar el calor del aire de expulsión.

Esta sección está compuesta de distintas compuertas, que ajustan su apertura según las necesidades del sistema. Estas compuestas pueden ser manuales, automáticas o incluso regularse por un sistema domótico que controle la calidad del aire en todo momento.

Un edificio comercial dispone de dos plantas. En la planta inferior se encuentra el acceso al edificio y un hipermercado, mientras que en la planta superior se encuentran las distintas tiendas de la galería comercial.

¿Qué secciones debería tener la UTA si en la planta superior se desea instalar una refrigeración que mejore el grado de humedad?

SOLUCIÓN

La unidad de tratamiento de aire podrá tener las siguientes secciones:

- **Sección de ventiladores:** deberá tener los ventiladores necesarios, dependiendo de si tiene aire de ida y retorno o solo de ida.
- **Sección de intercambiador:** al tratarse de un sistema de refrigeración, deberá incorporar un intercambiador de frío.
- **Sección de filtrado:** sería recomendable instalar un filtrado contra partículas de polvo, e incluso un prefiltro, si se desea mejorar la calidad del aire.
- **Sección de humidificación:** puesto que se desea mejorar la humedad, se recomienda la instalación de la sección de humidificación.
- **Sección de mezcla:** en ella se reutiliza el aire del centro comercial y se aporte aire del exterior en el caso en el que sea necesario.

3. Unidades terminales

Las unidades terminales son los equipos encargados de climatizar las estancias mediante el suministro de calor o frío a estas. Las unidades terminales contienen un serpentín, en el cual se lleva a cabo el intercambio térmico correspondiente, con la ventaja de que su rendimiento es superior a otros sistemas en las estancias de superficies medias.

Dentro de las unidades terminales se pueden encontrar distintos tipos, atendiendo al uso y al sistema de intercambio de energía.

3.1. *Fancoils*

Los *fancoils* o ventiloconvectores están compuestos de un intercambiador o batería de frío o calor, según corresponda, y de un ventilador encargado de expulsar el aire del equipo.

Los *fancoils* de cuatro tubos incorporan un intercambiador para calor y otro para frío, dependiendo del estado en el que transporten el agua (fría o caliente).

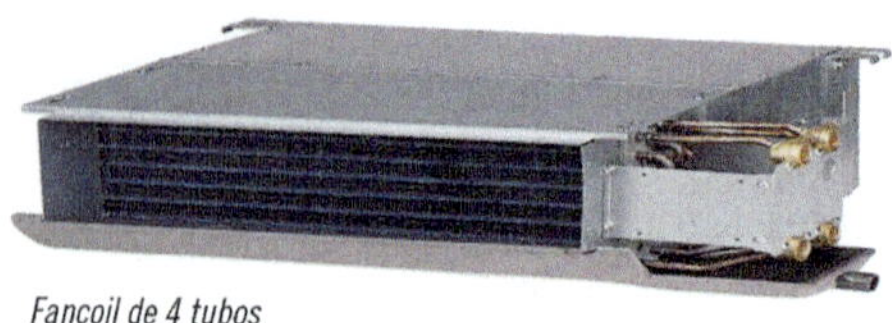

Fancoil de 4 tubos

En un *fancoil* o ventiloconvector se pueden encontrar las siguientes partes:

- **Bandeja de recogida de condensados:** encargada de recoger la condensación del agua del ambiente.
- **Batería de intercambio:** serpentín por el que circulará el fluido del circuito primario. Puede ser soldado o roscado.
- **Chasis:** parte que protege al equipo del exterior y que aglutina al resto de los componentes del equipo.
- **Filtro:** elemento encargado de purificar el aire que se envía a la estancia que climatizar. Debe ser de fácil acceso para su limpieza.
- **Válvula de tres vías:** destinada a cortar la circulación de agua a través del intercambiador, cuando no sea necesaria la climatización de la estancia. La instalación de este elemento es opcional.
- **Ventilador:** es el elemento encargado de mover el aire para refrigerarlo o calentarlo. Pueden ser centrífugos o tangenciales para cuidar el nivel sonoro.

Partes de un *fancoil*

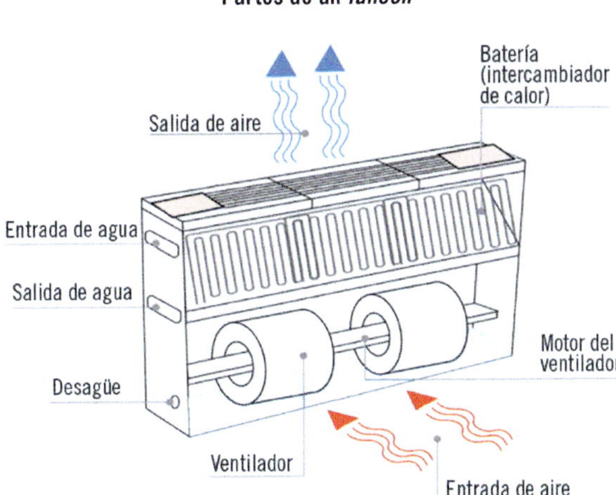

Para regular estos equipos habitualmente se suministra juntamente con el propio equipo un mando a distancia, que tiene un termostato incorporado para regular el ventilador y el caudal de aire que se desea que suministre el equipo, y que es independiente del termostato interno del equipo.

Los *fancoils* se pueden clasificar en:

- Vistos o de empotrar
- Verticales u horizontales
- De dos o cuatro tubos
- Con válvula de tres vías o directos

Sabía que...

Los *fancoils* de superficie son los mismos equipos que los de empotrar, pero a aquellos se les ha incorporado una carcasa exterior.

Distintos tipos de fancoils: de suelo (izq.), de pared (centro), de conductos (dcha.)

Actividades

2. Busque información acerca del proceso de conexionado de un *fancoil* de forma directa y otro mediante una válvula de tres vías.
3. Busque información acerca de los *fancoils* de alta presión.

3.2. Inductores

Los inductores son unidades similares a los *fancoils*, con la diferencia de que no incorporan un ventilador para el movimiento de aire.

El aire tratado le llega al equipo a través de una red de conductos, de forma que este es inyectado en una cámara en la que se produce una reducción de la presión y velocidad, con lo que se produce el intercambio de frío o calor a través de la batería de intercambio.

En los sistemas de inducción se pueden encontrar dos circuitos de aire:

- **Circuito primario:** el aire presenta una alta presión y una gran velocidad. Este aire se introduce e lo que climatizar.

Esquema de funcionamiento de un inductor

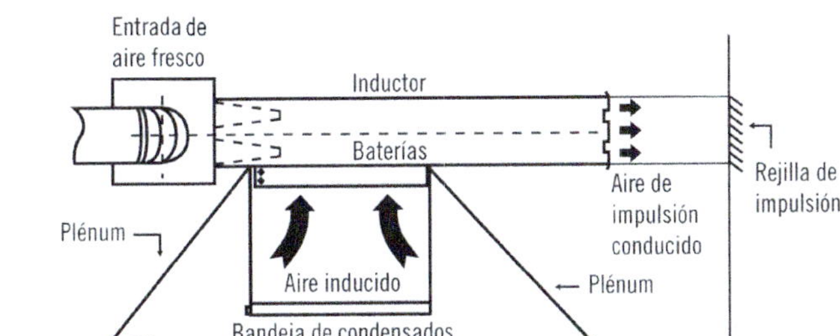

Este tipo de equipos presentan la ventaja fundamental de que su nivel sonoro es menor, puesto que no disponen de ventiladores. Las denominadas **vigas frías** que se pueden encontrar en la entrada de algunos grandes almacenes o establecimientos comerciales son un modelo de inductores.

Distintos modelos de inductor

Actividades

4. Realice una clasificación de los *fancoils* e inductores atendiendo a sus características comunes.
5. Explique las diferencias constructivas y de funcionamiento existentes entre un *fancoil* y un inductor.

Aplicación práctica

En el centro comercial anterior se ha instalado un sistema de climatización para las tiendas de la galería comercial, en la que se encuentran cinco establecimientos.

Se instalarán en total los siguientes equipos:

- **Cinco *fancoils* de cuatro tubos**
- **Tres *fancoils* a dos tubos**
- **Cinco inductores a dos tubos**

Calcule las llaves de paso, las válvulas de tres vías y los termostatos que serán necesarios.

SOLUCIÓN

Para cada *fancoil* e inductor se necesitan tantas llaves de paso como tubos tenga cada unidad.

- *Fancoils* de custro tubos: 4 x 4 = 20
- *Fancoils* a dos tubos: 3 x 2 = 6
- Inductores a dos tubos: 5 x 2 = 10

En total se necesitan 36 llaves de paso.

Para cada *fancoil* e inductor se necesita una válvula de tres vías por cada para de tubos, por lo que son la mitad de las llaves de paso. En total, 18 válvulas de tres vías.

Los termostatos se instalarán uno por local, por lo que serán necesarios 5 termostatos.

3.3. Techo radiante

Los techos radiantes son un sistema de refrigeración que evita la estratificación del aire de la estancia que climatizar, por lo que se recomienda su utilización.

Definición

Estratificación
Efecto térmico del aire en un espacio cerrado debido a la diferencia de densidad entre el aire frío y el caliente.

Los techos radiantes trabajan con los distintos medios de transmisión del calor:

- **Conducción:** transferencia de calor por contacto directo entre los cuerpos. La transferencia se realiza del cuerpo más caliente al más frío, hasta que ambos alcanzan el equilibrio térmico.
- **Convección:** transferencia de calor entre dos cuerpos a través de un medio líquido o gaseoso.
- **Radiación:** el calor se transmite de forma infrarroja, de forma que la radiación únicamente se convierte en energía térmica cuando alcanza un material sólido.

Transferencia de calor

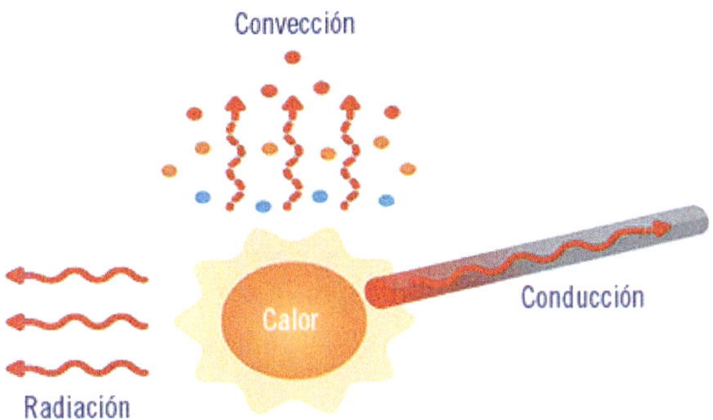

Modos de transferencia de calor

Importante

Cuanta más superficie ocupe el techo radiante, mayor cantidad de calor se transmitirá por radiación. Por tanto, estos sistemas son muy efectivos en grandes locales.

Los sistemas de climatización mediante techo radiante utilizan paneles radiantes, situados en el techo, por los que se hace circular agua fría a través de un serpentín embebido dentro de la propia placa, formando la superficie fría.

4. Rejillas y difusores

Estos elementos se utilizan para introducir el aire en las estancias que climatizar, para lo cual el aire circula por los conductos asociados hasta la zona de expulsión en la que se encuentran las rejillas y los difusores.

Las rejillas y difusores no tratan de igual manera la distribución del aire, por lo que se debe tener en cuenta que:

- Las **rejillas** suministran el aire en una única dirección, atendiendo a la orientación de las lamas que las conforman. Suelen tener formas rectangulares o cuadradas. Consiguen impulsar el aire a grandes distancias, aunque tienen el inconveniente de que el flujo de aire es entregado siempre en el mismo punto de la estancia.
- Los **difusores** suministran el aire en varias direcciones, por lo que son menos molestos que las rejillas, aunque como inconveniente presentan que la distancia de impulsión del aire es menor. Su uso está más estandarizado debido a que se consigue una temperatura de climatización de la estancia más homogénea.

Es importante, a la hora de seleccionar uno u otro elemento, atender a las pérdidas de carga que provocan en la instalación cada uno de ellos.

Recuerde

Las rejillas impulsan el aire en un único plano y dirección, mientras que los difusores reparten el aire por el local que climatizar.

4.1. Tipos de rejillas

Las rejillas se instalan generalmente en las paredes y los techos. Las más habituales son las fabricadas en aluminio.

Atendiendo a las lamas, se pueden encontrar los siguientes tipos de rejilla:

- **Rejillas de simple deflexión:** poseen lamas en una única dirección (horizontal o vertical). Regulan el aire en una sola dirección.

Rejilla de simple deflexión

- **Rejillas de doble deflexión:** poseen lamas en las dos direcciones, (horizontales y/o verticales). Regulan el aire en dos direcciones.

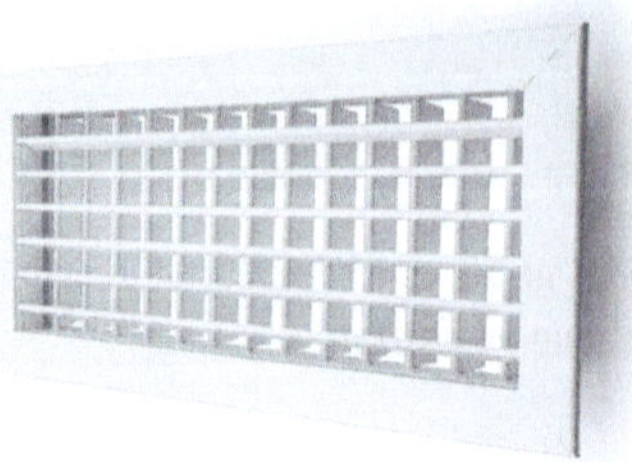

Rejilla de doble deflexión

- **Rejillas de lamas fijas:** la dirección del aire siempre es la misma, no se puede variar su dirección.

Rejilla de lamas fijas

- **Rejillas de lamas móviles:** la dirección del aire se puede variar.

Rejilla de lamas dobles

4.2. Tipos de difusores

Los difusores, al igual que las rejillas, se pueden encontrar en varios materiales y acabados. Los difusores más habituales son:

- **Difusores de techo:** el aire expulsado se reparte en todas las direcciones de forma uniforme, de forma que el climatizado y el de la estancia se mezclan homogéneamente.

Difusor de techo

- **Difusores lineales:** el aire se reparte de forma longitudinal, horizontal o vertical, atendiendo la ubicación del difusor.

Difusor lineal impulsión/retorno

- **Difusores rotacionales:** el aire se reparte de forma homogénea, gracias a la forma helicoidal de sus lamas.

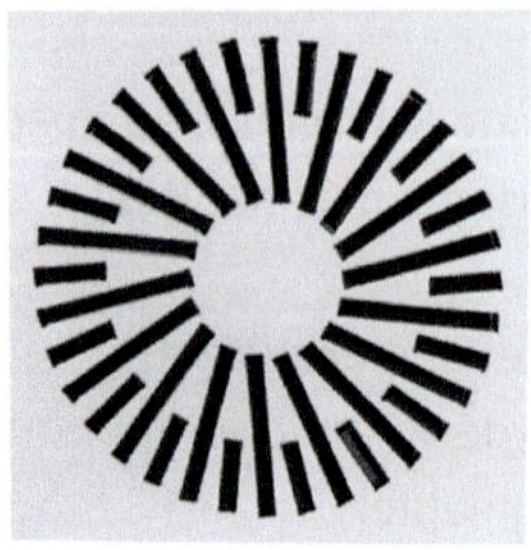

Difusor rotacional

Actividades

6. Investigue en distintos catálogos de fabricantes acerca de la forma en la que distribuyen el aire las rejillas y los difusores.

5. Resumen

Las unidades de tratamiento de aire (UTA) son equipos dedicados al tratamiento del aire. Le confieren las condiciones establecidas para alcanzar el grado de confort definido para las estancias.

Las UTA se componen de:

- Sección de ventiladores
- Sección de intercambiadores
- Sección de filtros
- Sección de humidificación
- Sección de mezcla

Las unidades terminales son los equipos responsables de la climatización de las estancias mediante el suministro a estas de calor o frío.

Dentro de las unidades terminales, los equipos más utilizados son los *fan-coils* o ventiloconvectores y los inductores, apoyados en algunas ocasiones con los techos radiantes.

Las instalaciones de climatización habitualmente finalizan en rejillas y difusores que, atendiendo a la disposición de las lamas o su diseño, pueden conseguir que el aire se enfoque en un punto fijo o que se reparta por la estancia de forma homogénea.

Ejercicios de repaso y autoevaluación

1. Indique si las siguientes afirmaciones son verdaderas o falsas:

a. Los equipos terminales de climatización son los responsables de ceder el calor o el frío a las estancias que climatizar.

- ☐ Falso
- ☐ Verdadero

b. Los equipos terminales no necesitan ser dimensionados a la estancia que climatizar, solo introducen aire en ella, sin tener en cuenta sus condiciones ambientales

- ☐ Falso
- ☐ Verdadero

c. Los equipos terminales se usan exclusivamente en instalaciones industriales y en las de superficies que climatizar mayores a 500 m^2.

- ☐ Falso
- ☐ Verdadero

2. Las unidades de tratamiento de aire...

a. ... generan energía térmica.
b. ... no procesan el aire.
c. ... procesan el aire.
d. ... son obligatorias en todas las instalaciones de climatización.

3. ¿Cómo procedería en una instalación en la que el sistema de ventilación juega un papel importante?

____

____

4. Indique los distintos medios por los que se puede regular la humidificación de una ubicación.

____
____
____
____
____
____
____

5. La sección de las unidades de tratamiento de aire encargada de introducir en el sistema de climatización la misma cantidad de aire que la expulsada es...

a. ... la sección de humidificación.
b. ... la sección de intercambiador.
c. ... la sección de mezcla.
d. ... la sección de ventiladores.

6. Los *fancoils* únicamente pueden suministrar

a. ... aire caliente.
b. ... aire sin tratar.
c. ... aire frío.
d. Las opciones a y c son correctas.

7. ¿Qué elemento NO se encuentra integrado en el *fancoil?*

a. El filtro
b. La batería de intercambio
c. El termostato
d. La bandeja de recogida de la condensación

8. El elemento encargado de cortar la circulación del agua a través del intercambiador en un *fancoil* es:

a. La batería de intercambio.
b. El chasis.
c. El termostato.
d. La válvula de tres vías.

9. Complete la siguiente afirmación:

Los _____________ son unidades _____________ a los _____________, con la diferencia de que _____________ un _____________ para el movimiento de aire.

10. Defina los dos circuitos de aire que se pueden encontrar en un sistema de inducción.

____
____
____
____
____
____
____

11. Una ventaja que presentan los equipos inductores sobre los *fancoils* es que...

a. ... es obligatorio el uso de gas como refrigerante.
b. ... incorporan un ventilador para la impulsión del aire.
c. ... tienen un mayor nivel sonoro.
d. ... tienen un menor nivel sonoro.

12. El efecto térmico del aire en un espacio cerrado debido a la diferencia de densidad entre el aire frío y el caliente se denomina...

a. ... aireación.
b. ... autoinducción.
c. ... estratificación.
d. ... inducción.

13. La transferencia de calor por contacto directo entre los cuerpos se conoce como...

a. ... conducción.
b. ... radiación.
c. ... baremación.
d. ... convección.

14. Los techos radiantes utilizan como medio de transmisión del calor...

a. ... la conducción.
b. ... la convección.
c. ... la radiación.
d. Todas las opciones son correctas.

15. Cuanta mayor sea la superficie que ocupe un techo radiante...

a. ... menor cantidad de calor se transmitirá por radiación.
b. ... mayor cantidad de calor se transmitirá por radiación.
c. ... menor cantidad de calor se transmitirá por conducción.
d. ... mayor cantidad de calor se transmitirá por conducción.

Capítulo 5

Regulación y control de instalaciones de calor y frío

Contenido

1. Introducción

En los capítulos anteriores se ha realizado un análisis de los distintos equipos e instalaciones que intervienen en un sistema de climatización, desde el equipo de generación hasta la expulsión del aire.

La regulación y el análisis de funcionamiento de las instalaciones de climatización ayuda a controlar las condiciones de trabajo de los equipos dependiendo de las características que presente la estancia que climatizar, para lo que la medida de los distintos parámetros se vuelve una actividad fundamental.

Con la evolución de la tecnología, los sistemas de regulación y control de los sistemas de climatización permiten revisar, controlar y modificar los parámetros del sistema sin necesidad de que haya una persona presente en la instalación, lo que redunda en una mejora del confort en las estancias asociadas a los equipos de climatización.

2. Control de instalaciones de climatización

En todo sistema de climatización es necesario regular y mantener los distintos parámetros establecidos en el sistema de control, para tratar de garantizar el confort en la estancia.

Los elementos que integran un sistema de control o regulación son:

- **Sensor:** dispositivo que vigila el parámetro que controlar y que le envía la información al controlador. Los sensores más habituales son los termómetros, los manómetros y otros equipos de medida de magnitudes.
- **Controlador:** dependiendo de la información emitida por los sensores, y de acuerdo con los parámetros consignados en el sistema, realiza distintas acciones, que trasladará a los actuadores asociados.
- **Actuador:** dispositivo que recibe la señal del equipo de control o controlador y que modifica el elemento asociado a este.
- **Dispositivo controlado:** elemento de la instalación sobre el que actúa el actuador para alcanzar las condiciones establecidas por el controlador.

Los dispositivos controlados más habituales son los ventiladores, las compuertas y cualquier otro elemento que intervenga en la instalación.

Proceso de funcionamiento de un sistema de control

La mayoría de los sistemas de control se centran en comparar los valores obtenidos por los sensores con los que se han prefijado en el controlador. Los valores predefinidos en el controlador se denominan **valores de consigna.**

Atendiendo a la arquitectura de los sistemas de control, estos se pueden clasificar en:

- **Sistema localizado:** se controla un único punto del sistema de climatización, habitualmente en la estancia que climatizar.
- **Sistema distribuido:** el sistema de climatización cuenta con controles en las distintas ubicaciones que climatizar.
- **Sistema centralizado:** todos los elementos de control se ubican en un mismo punto, como puede ser el caso de una escuela o un edificio público de un organismo oficial.
- **Sistema centralizado/distribuido:** cada parte de la instalación cuenta con un punto de control, además de realizarse un control centralizado de todo el sistema.

2.1. Tipos de controladores

El Reglamento de Instalaciones Térmicas de los Edificios (RITE) establece los valores que deben respetarse en un sistema de climatización.

Los principales parámetros que deben controlarse en un sistema de climatización son:

- Tiempos de puesta en marcha y parada
- Temperatura

- Caudal de aire
- Humedad relativa
- Calidad del aire
- Velocidad del aire

Los parámetros de una instalación se regulan habitualmente por los controladores, los cuales, mediante la recogida de la información de los sensores, operan sobre los distintos elementos que integran la instalación.

Los controladores podrán ser manuales (si los cambios sobre el sistema los realiza el usuario) o automáticos (si se realizan atendiendo a una programación previamente establecida).

Termostatos

Estos elementos se encargan de controlar la temperatura de la estancia y actúan sobre un contacto eléctrico que se abre o se cierra según la diferencia de temperatura.

Se pueden encontrar termostatos compactos (encargados de controlar la temperatura en la estancia en la que se instalan) o termostatos con sensores (en los que el sensor y el termostato pueden encontrarse en distintas ubicaciones).

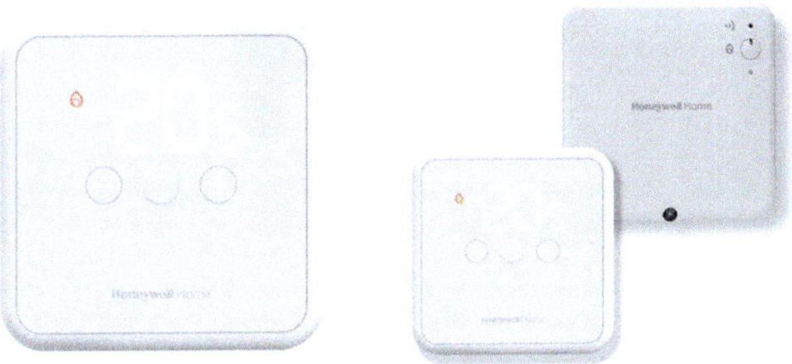

Termostato compacto (izq.) y termostato inalámbrico (dcha.)

Sabía que...

Los termostatos compactos son elementos utilizados en las ubicaciones en las que se instalan los *fancoils,* los techos radiantes o los inductores, mientras que en los conductos de aire y en las tuberías de agua se utilizan los inalámbricos.

Presostatos

Estos elementos se encargan de controlar la presión del fluido que circula a través de una tubería accionando un contacto, dependiendo de la presión del circuito del refrigerante. Pueden ser **mecánicos** o **electrónicos.**

Distintos tipos de presostatos

Higrostatos

Estos equipos son los encargados de regular la humedad relativa del ambiente. Abren o cierran un contacto eléctrico atendiendo al valor de la humedad relativa de la estancia. Son similares a los termostatos y también pueden ser **compactos** o **inalámbricos.**

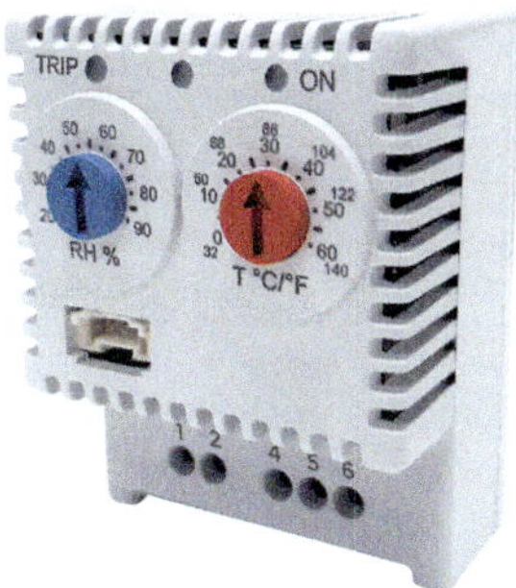

El termo higrostato unifica en un mismo equipo el termostato y el higrostato.

Controladores programables

Se pueden encontrar en el mercado centralitas de control electrónicas, que tienen la capacidad de evaluar la información emitida por varios sensores y actuar sobre distintos actuadores para conseguir de una forma más eficiente el control y regulación del sistema de climatización.

Si la instalación incorpora una gran cantidad de sensores y actuadores, estos pueden controlarse mediante la instalación de los autómatas programables específicos para la climatización, o incluso pueden interconectarse con otros sistemas.

Controlador programable

Actividades

1. Identifique los distintos elementos que pueden influir negativamente en un termostato, en un higrostato y en un presostato.
2. Investigue acerca de las diferencias existentes entre un controlador y un autómata programable.

2.2. Sensores

Los sensores son equipos que se basan en dos magnitudes físicas y, dependiendo del valor de una de ellas, la segunda toma otro valor. Habitualmente la segunda magnitud es eléctrica, de forma que se pueda interpretar por los sistemas de control. Estas señales pueden ser digitales o analógicas. Se pueden considerar "traductores" de las magnitudes físicas en eléctricas para abrir o cerrar un contacto eléctrico que arrancará o parará el sistema de climatización.

Aplicación práctica

Ha instalado un sensor de temperatura con un rango de medida de 0 a 100 °C y un rango de tensión de salida de 5 V. ¿Qué valor de temperatura está indicando el sensor si se obtiene una lectura de 3 V?

SOLUCIÓN

El sensor cuando la temperatura es igual a 0 °C mostrará una tensión de 0 V, mientras que cuando alcance los 100 °C la tensión será de 5 V.

Continúa en página siguiente >>

<< Viene de página anterior

Si se aplica una regla de tres se obtendrá la siguiente ecuación, que al resolverla ofrecerá la temperatura que está registrando el sensor:

$$100\ ^{\circ}C \rightarrow 5\ V \qquad X \rightarrow 3\ V \qquad X = (100 \times 3)/5 = 60\ ^{\circ}C$$

Importante

Al instalar los sensores, estos deben ser capaces de leer el parámetro que controlar de forma rápida y fiable, sin que la medida pueda verse afectada por otros equipos de la instalación.

Los sensores más utilizados habitualmente son:

- **Sensores de humedad:** son los dispositivos empleados para controlar la humead del aire y la temperatura ambiente. Habitualmente trabajan con tensiones comprendidas entre los 4 y 20 mA.
- **Sensores de calidad del aire:** los sensores de calidad del aire son dispositivos que detectan y miden la cantidad de productos contaminantes que se encuentran en el aire. Pueden monitorizar la calidad del aire detectando la presencia de elementos químicos y contaminantes específicos en el aire.
- **Sensores de temperatura:** los sensores de temperatura son equipos eléctricos y/o electrónicos que permiten medir la temperatura de la ubicación en la que se encuentran instalados y convertirla en una señal eléctrica. Estos sensores de temperatura pueden ser:

- **Sensores bimetálicos:** se basan en la dilatación de los materiales, una vez que el material alcanza una temperatura específica. Esta dilatación provoca la apertura o cierre de un contacto eléctrico.
- **Sensores termopares:** el sensor está conformado por dos metales distintos, sobre los que se genera una tensión eléctrica proporcional a la diferencia de temperaturas de sus extremos.

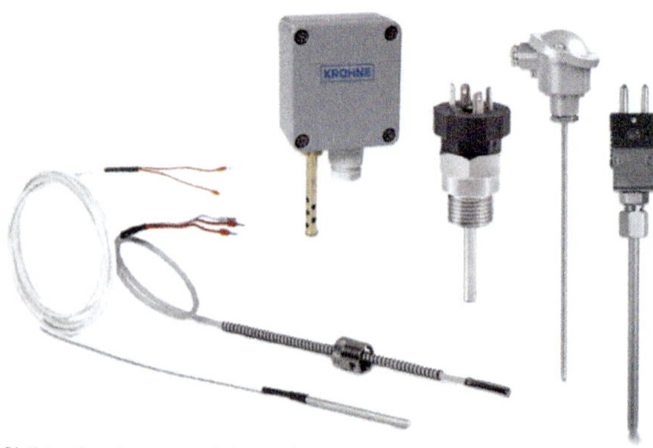

Distintos tipos de sensores de temperatura

- **Sensores de presión:** un sensor de presión es un elemento compuesto por un sensor que detecta la presión que se aplica al sensor. Convierte esta presión en una señal eléctrica que es enviada al equipo de control. Estos sensores pueden ser:

  - **Transductores capacitivos:** son unos mecanismos de medición electromecánicos que se encargan de captar las señales de distancia entre dos elementos. Transforman esa distancia en un campo magnético, que se refleja en una variación de tensión.
  - **Transductores inductivos:** similar a los capacitivos, pero en este caso desplazan, en función de la presión que medir, el núcleo magnético de una bobina, lo que provocará una variación de la tensión o corriente que circula en el interior de esta.

Transductor inductivo (izda.) y capacitivo (dcha.)

- **Sensores de caudal:** los sensores de caudal o interruptores de caudal son caudalímetros que miden la cantidad de líquido o vapor que pasa a través de la conducción en la que se encuentran instalados. Estos sensores pueden ser:
  - **Ultrasónicos:** se basan en el envío de ultrasonidos. La medida del espacio de tiempo que trascurre hasta que la señal vuelve al receptor determina el caudal del conducto.
  - **Electromagnéticos:** a partir de la corriente inducida en el fluido y del campo magnético generado se puede determinar el caudal que circula por dicho conducto. Solo se pueden utilizar en aquellas instalaciones en las que el fluido es conductor de la electricidad.

Sensores de caudal

Actividades

3. Investigue acerca de las aplicaciones de los distintos sensores vistos anteriormente.

Aplicación práctica

Ha instalado un sensor de presión con un rango de medida de 0 a 300 bar y un rango de tensión de salida de 12 mV. ¿Qué valor de presión está indicando el sensor si se obtiene una lectura de 5 mV?

SOLUCIÓN

El sensor cuando la presión es igual a 0 bares mostrará una tensión de 0 mV, mientras que cuando alcance los 300 bares la tensión será de 12 mV.

Si se aplica una regla de tres se obtendrá la siguiente ecuación, que al resolverla ofrecerá la presión que está registrando el sensor:

300 bares → 12 mV X bares → 5 mV	X = 125 bares

2.3. Compuertas de regulación

Cuando se lleva a cabo la climatización de una estancia atendiendo a la temperatura interior de esta se regula el caudal de aire a través de la apertura o cierre de las distintas compuertas que suministran el aire a la estancia.

Recuerde

Los sistemas de climatización por volumen de aire variable (VAV) son aquellos en los que se regula el caudal de aire dependiendo de la temperatura deseada.

Dependiendo del mecanismo, se pueden clasificar las compuertas de regulación en:

- **Control por presión dependiente:** dependiendo de la presión detectada se regula la entrada de aire. A mayor presión, mayor será la cantidad de aire aportado, lo que provocará una mayor apertura de las compuertas de regulación.
- **Control por presión independiente:** la apertura de la compuerta no depende de ninguna condición externa, por lo que su apertura es fijada por su posición. Habitualmente tiene dos posiciones, abierta o cerrada, y dependiendo del grado de cada una de ellas se pueden establecer distintas aperturas intermedias.

2.4. Variación de frecuencia en ventiladores

Para variar el caudal de aire se puede actuar directamente sobre el ventilador, variando su velocidad de giro. La velocidad de giro (n) y el caudal de aire (Q) que mueve se relacionan por la siguiente expresión:

$$Q_1/Q_2 = n_1/n_2$$

En la expresión anterior se puede comprobar que, a menor velocidad de giro, menor es el caudal de aire que suministra.

Para variar la velocidad de un ventilador, se modifica su frecuencia mediante los variadores de velocidad. Estos, además de variar la velocidad, modifican la tensión aplicada al motor, de manera que este no sufre daño alguno.

Los variadores de frecuencia trabajan de acuerdo con las siguientes etapas:

- **Etapa rectificadora:** transforma la tensión de la red de alterna a continua.
- **Etapa inversora:** convierte la tensión continua en alterna, con la frecuencia establecida por el equipo. Se incorporan las protecciones propias del equipo.
- **Etapa de control:** etapa responsable de regular la frecuencia de alimentación del dispositivo y, por tanto, la velocidad del ventilador.

3. Telegestión

La telegestión es la tecnología que trata de gestionar a distancia las instalaciones usando tecnologías electrónicas e informáticas. Permite un control de la instalación desde cualquier punto del planeta y desde cualquier dispositivo.

Para utilizar un sistema de telegestión se debe instalar una central programable cercana a la instalación que se desea controlar, a la que se conectarán los distintos sensores y actuadores del sistema.

Cuadro de telegestión de un sistema de climatización

Mediante la telegestión es posible detectar las alarmas del sistema en tiempo real, analizar el funcionamiento de la instalación, medir su rendimiento o modificar cualquier parámetro de su configuración, sin necesidad de estar físicamente en la instalación.

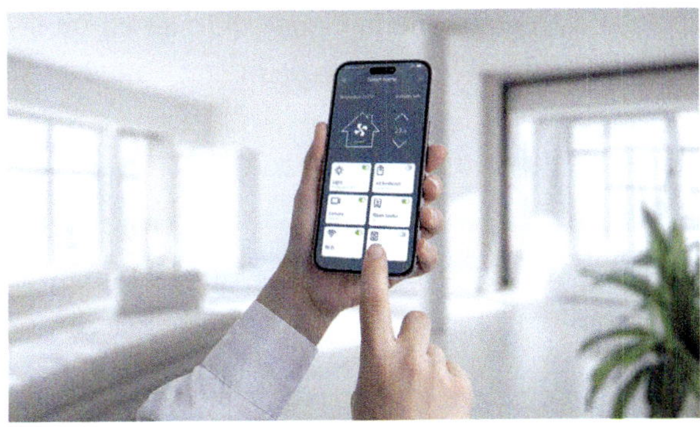

Sistema de telegestión desde dispositivo móvil

Actividades

4. Investigue sobre distintas modalidades y aplicaciones de telegestión que se pueden encontrar en el mercado.

4. Resumen

En el control de un sistema de climatización se encuentran los siguientes elementos:

- Sensor: dispositivo que vigila el parámetro que controlar y que le envía la información al controlador.
- Controlador: dependiendo de la información emitida por los sensores, y de acuerdo con los parámetros consignados en el sistema, realiza las acciones establecidas, que trasladará a los actuadores asociados.

- Actuador: dispositivo que recibe la señal del equipo de control o controlador y modifica el elemento asociado a este.
- Dispositivo controlado: elemento de la instalación sobre el que actúa el actuador para alcanzar las condiciones establecidas por el controlador.

Los principales parámetros que hay que controlar en un sistema de climatización son los siguientes:

- Tiempos de puesta en marcha y parada
- Temperatura
- Caudal de aire
- Humedad relativa
- Calidad del aire
- Velocidad del aire

Los variadores de frecuencia trabajan de acuerdo con las siguientes etapas:

- Etapa rectificadora: transforma la tensión de la red de alterna a continua.
- Etapa inversora: convierte la tensión continua en alterna, con la frecuencia establecida por el equipo. Se incorporan las protecciones propias del equipo.
- Etapa de control: etapa responsable de regular la frecuencia de alimentación del dispositivo y, por tanto, la velocidad del ventilador.

Mediante la telegestión es posible detectar las alarmas del sistema en tiempo real, analizar el funcionamiento de la instalación, medir su rendimiento o modificar cualquier parámetro de su configuración, sin necesidad de estar físicamente en la instalación.

Ejercicios de repaso y autoevaluación

1. **Indique si las siguientes afirmaciones son verdaderas o falsas:**

   a. La regulación y el análisis de las condiciones de trabajo de los equipos y de las condiciones de confort son aspectos básicos que se deben estudiar en un sistema de climatización.

      □ Falso
      □ Verdadero

   b. Los sistemas de regulación y control necesitan que haya siempre una persona en la instalación para llevar a cabo los cambios de funcionamiento.

      □ Falso
      □ Verdadero

   c. La telegestión permite regular las condiciones del sistema de climatización, pero debe hacerse con una persona presente en la instalación.

      □ Falso
      □ Verdadero

2. **Enumere los distintos tipos de elementos que integran un sistema de regulación o control.**

____
____
____
____
____
____
____

3. **Los valores predefinidos en un controlador de gestión de un sistema de climatización se conocen como...**

   a. ... valores sistémicos.
   b. ... valores de actuación.
   c. ... valores de consigna.
   d. ... valores integradores.

4. **Enumere al menos tres formas de clasificar un sistema de control atendiendo a su arquitectura.**

   ____

   ____

5. **El sistema en el que cada parte de la instalación cuenta con un punto de control, además de realizarse un control centralizado de todo el sistema de climatización, es...**

   a. ... el sistema localizado.
   b. ... el sistema centralizado.
   c. ... el sistema distribuido.
   d. ... el sistema centralizado/distribuido.

6. **Complete la siguiente afirmación:**

   Los ____________ podrán ser ____________ si los cambios sobre el ____________ los realiza el usuario o ____________ si se realizan atendiendo a una ____________ previamente ____________.

7. **Los equipos encargados de controlar la temperatura de la estancia y accionar el sistema de refrigeración según el valor registrado son...**

   a. ... los higrostatos.
   b. ... los caudalímetros de aire.
   c. ... los termómetros digitales.
   d. ... los termostatos.

8. ¿Qué equipos de control se pueden considerar como traductores de las magnitudes físicas en eléctricas?

a. Los caudalímetros
b. Los termostatos
c. Los sensores
d. Los ventiladores

9. Los sensores que determinan el caudal que circula por un conducto atendiendo a la corriente de aire del conducto y del campo magnético generado son...

a. ... los sensores electromagnéticos.
b. ... los sensores ultrasónicos.
c. ... los transductores capacitivos.
d. ... los transductores inductivos.

10. Complete la siguiente afirmación:

Los sistemas de ____________ por ____________ de aire ____________ (____________) son aquellos en los que se ____________ el ____________ de aire dependiendo de la ____________ deseada.

11. Defina lo que se entiende por control de las compuertas de regulación por presión dependiente.

____
____
____
____

12. Para variar el caudal de aire se puede actuar sobre...

a. ... la velocidad de giro del ventilador.
b. ... la tensión suministrada al ventilador.
c. ... la frecuencia suministrada al motor.
d. Las opciones a y c son correctas.

13. El caudal de aire...

a. ... es proporcional a la velocidad de giro.
b. ... es inversamente proporcional a la velocidad de giro.
c. ... no se puede relacionar con la velocidad de giro.
d. Todas las opciones son incorrectas.

14. Enumere y explique las distintas partes que integran un variador de frecuencia.

____
____
____
____
____
____
____

15. ¿Qué es necesario para telegestionar una instalación?

a. Una central programable o autómata.
b. Que el sistema esté conectado a una central de alarmas.
c. Que el sistema incorpore una unidad de tratamiento de aire.
d. Todas las opciones son incorrectas.

Capítulo 6

Diseño eficiente de las instalaciones de climatización

Contenido

1. Introducción

A la hora de diseñar un sistema de climatización es fundamental incorporar en él la eficiencia energética, tanto en su funcionamiento como en los distintos elementos que intervienen en el sistema, para lo cual se debe:

- Cuidar la instalación y la explotación del sistema, teniendo en cuenta su retirada, reutilización o reciclaje.
- Diseñar el sistema sin que el usuario sufra una reducción de las propiedades del sistema que incorpora la eficiencia y el ahorro energético.
- Observar las ventajas que favorece la eficiencia energética en el entorno.

Para lograr un sistema eficiente energéticamente se deben evaluar la instalación y el consumo de energía que tiene, además de respetar los límites impuestos por la normativa establecida en el Reglamento de Instalaciones Térmicas en los Edificios (RITE) y en el Código Técnico de la Edificación (CTE).

2. Eficiencia en la generación de frío

El RITE, en su IT 1.2.4 (sobre la caracterización y la cuantificación de la exigencia de la eficiencia energética), define los criterios generales que deben cumplir los sistemas de producción de calor y frío:

1. *La potencia suministrada por las unidades de producción de calor o frío que utilicen energías convencionales se ajustará a la demanda máxima simultánea de las instalaciones, teniendo en cuenta las ganancias o pérdidas a través de las redes de tuberías de los fluidos portadores.*
2. *Se deben estudiar las demandas de la instalación dependiendo de la hora del día y el mes del año, para establecer la demanda máxima simultánea, las demandas parciales y la mínima.*
3. *Los generadores que utilicen energías convencionales se conectarán hidráulicamente en paralelo y se podrán independizar entre sí.*
4. *El caudal del fluido portador en los generadores podrá variar para adaptarse a la carga térmica instantánea, entre el mínimo y máximo establecidos por el fabricante.*

5. *Cuando se interrumpa el funcionamiento de un generador, también debe interrumpirse el funcionamiento de los equipos accesorios relacionados con el mismo.*

Dentro de esta instrucción técnica también se regulan los requisitos que deben cumplir los generadores de calor (IT 1.2.4.1.2) y los generadores de frío (IT 1.2.4.1.3).

2.1. Requisitos mínimos de eficiencia energética de los generadores de frío

Entre los requisitos mínimos de eficiencia energética de los generadores de frío, la instrucción técnica establece que se deben indicar los coeficientes de eficiencia energética (EER) en los sistemas de refrigeración y el coeficiente de rendimiento (COP) en los sistemas de calefacción de cada equipo cuando se varíe la demanda desde los valores mínimos a los máximos.

Coeficiente de eficiencia energética (EER)

Es la relación existente entre la capacidad frigorífica del equipo y el consumo de energía eléctrica empleada para obtenerla. Cuanto mayor sea el valor del coeficiente, mejor será el rendimiento del equipo.

ERR = (capacidad frigorífica (Kw))/(potencia consumida (Kw))

Coeficiente de rendimiento (COP)

Es la relación entre la capacidad calorífica y el consumo de energía eléctrica utilizada para obtenerla.

COP = (capacidad calorífica (Kw))/(potencia consumida (Kw))

Importante

El fabricante del equipo es el responsable de proporcionar los valores máximos y mínimos de EER y COP, a partir de los cuales se podrán calcular las prestaciones energéticas de los equipos.

3. El etiquetado energético

El Reglamento Delegado (UE) n.º 626/2011 de la Comisión, de 4 de mayo de 2011, por el que se complementa la Directiva 2010/30/UE del Parlamento Europeo y del Consejo en lo que respecta al etiquetado energético de los acondicionadores de aire conectados a la red eléctrica con una potencia nominal de refrigeración, o de calefacción si el producto no dispone de una función de refrigeración, de 12 kW como máximo, define, entre otros, los siguientes equipamientos:

- **Acondicionador de aire:** *aparato capaz de refrigerar o de calentar, o ambas cosas, el aire en espacios interiores, utilizando un ciclo de compresión de vapor accionado por un compresor eléctrico, incluidos los acondicionadores de aire que ejerzan además otras funciones, como la deshumidificación, purificación del aire, ventilación o calentamiento complementario del aire mediante resistencias eléctricas, así como los aparatos que puedan utilizar agua (bien condensada que se forma en el evaporador, bien añadida desde el exterior) para evaporación en el condensador, siempre que el aparato pueda funcionar también sin utilizar agua adicional, sino tan solo con aire.*
- **Acondicionador de aire de conducto doble:** *acondicionador de aire en el que, durante la refrigeración o la calefacción, el aire se introduce en el condensador (o en el evaporador) desde el exterior a la unidad a través de un conducto y se expulsa al exterior a través de un segundo conducto, y que está colocado íntegramente dentro del espacio que se va a acondicionar, junto a una pared.*

- **Acondicionador de aire de conducto único:** *acondicionador de aire en el que, durante la refrigeración o la calefacción, el aire se introduce en el condensador (o en el evaporador) desde el espacio que contiene la unidad y se descarga en él.*
- **Potencia nominal:** *capacidad de refrigeración o calefacción del ciclo de compresión de vapor de la unidad en condiciones normales.*
- **Factor de eficiencia energética nominal (EER *rated*):** *potencia declarada para refrigerar dividida por la potencia nominal utilizada para la refrigeración de una unidad cuando esta refrigera en condiciones normales.*
- **Coeficiente de rendimiento estacional (SCOP):** *coeficiente global de rendimiento de la unidad, representativo de toda la temporada de calefacción designada (el valor del SCOP corresponde a una temporada de calefacción determinada), calculado dividiendo la demanda anual de calefacción de referencia por el consumo anual de electricidad para calefacción.*

Para los acondicionadores de aire se puede establecer la siguiente categorización de la eficiencia energética, atendiendo a los valores de la eficiencia energética (SEER) y al coeficiente de rendimiento estacional (SCOP).

Eficiencia energética	SEER	SCOP
A+++	SEER ≥ 8,50	SCOP ≥ 5,10
A++	6,10 ≤ SEER < 8,50	4,60 ≤ SCOP < 5,10
A+	5,60 ≤ SEER < 6,10	4,00 ≤ SCOP < 4,60
A	5,10 ≤ SEER < 5,60	3,40 ≤ SCOP < 4,00
B	4,60 ≤ SEER < 5,10	3,10 ≤ SCOP < 3,40
C	4,10 ≤ SEER < 4,60	2,80 ≤ SCOP < 3,10
D	3,60 ≤ SEER < 4,10	2,50 ≤ SCOP < 2,80
E	3,10 ≤ SEER < 3,60	2,20 ≤ SCOP < 2,50
F	2,60 ≤ SEER < 3,10	1,90 ≤ SCOP < 2,20
G	SEER < 2,60	SCOP < 1,90

Clases de eficiencia energética relativas a los acondicionadores de aire, a excepción de los de conducto doble y los de conducto único (Reglamento Delegado (UE) n.º 626/2011)

Para los acondicionadores de aire de conducto único o conducto doble la relación entre la eficiencia energética y el rendimiento estacional es el que se muestra en la siguiente tabla:

	Acondicionadores de aire de conducto doble		**Acondicionadores de aire de conducto único**	
Eficiencia energética	**EER rated**	**COP rated**	**EER rated**	**COP rated**
A+++	EER ≥ 4,10	COP ≥ 4,60	EER ≥ 4,10	COP ≥ 3,60
A++	3,60 ≤ EER < 4,10	4,10 ≤ COP < 4,60	3,60 ≤ EER < 4,10	3,10 ≤ COP < 3,60
A+	3,10 ≤ EER < 3,60	3,60 ≤ COP < 4,10	3,10 ≤ EER < 3,60	2,60 ≤ COP < 3,10
A	2,60 ≤ EER < 3,10	3,10 ≤ COP < 3,60	2,60 ≤ EER < 3,10	2,30 ≤ COP < 2,60
B	2,40 ≤ EER < 2,60	2,60 ≤ COP < 3,10	2,40 ≤ EER < 2,60	2,00 ≤ COP < 2,30
C	2,10 ≤ EER < 2,40	2,40 ≤ COP < 2,60	2,10 ≤ EER < 2,40	1,80 ≤ COP < 2,00
D	1,80 ≤ EER < 2,10	2,00 ≤ COP < 2,40	1,80 ≤ EER < 2,10	1,60 ≤ COP < 1,80
E	1,60 ≤ EER < 1,80	1,80 ≤ COP < 2,00	1,60 ≤ EER < 1,80	1,40 ≤ COP < 1,60
F	1,40 ≤ EER < 1,60	1,60 ≤ COP < 1,80	1,40 ≤ EER < 1,60	1,20 ≤ COP < 1,40
G	EER < 1,40	COP < 1,60	EER < 1,40	COP < 1,20

Clases de eficiencia energética relativas a los acondicionadores de aire de conducto doble y de conducto único (Reglamento Delegado (UE) n.º 626/2011)

La información que debe recogerse y las características de cada etiqueta de eficiencia energética se recogen en el Reglamento Delegado (UE) n.º 626/2011.

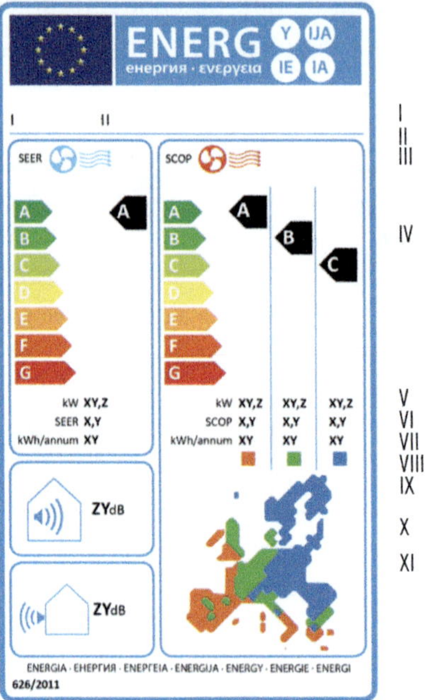

Etiqueta de eficiencia energética en la que se identifican sus apartados (Reglamento Delegado (UE) n.º 626/2011)

En la etiqueta se debe recoger la siguiente información:

I. Nombre o marca comercial del proveedor.
II. Identificador del modelo del proveedor.
III. Texto "SEER" para la refrigeración, con el símbolo de un ventilador y un flujo de aire, en azul; texto "SCOP" para la calefacción, con el símbolo de un ventilador y un flujo de aire, en rojo.
IV. Eficiencia energética: la punta de la flecha que contiene la clase de eficiencia energética del aparato se colocará a la misma altura que la punta de la flecha de la clase de eficiencia energética correspondiente. Debe indicarse la eficiencia energética de la refrigeración y de la calefacción. Respecto a la calefacción, es obligatorio indicar la eficiencia energética en la temporada de calefacción media. La indicación de la eficiencia en las temporadas más cálida y fría es opcional.
V. Respecto al modo de refrigeración: carga de diseño, en kW, redondeada al primer decimal.

VI. Respecto al modo de calefacción: carga de diseño, en kW, de las respectivas (hasta tres) temporadas de calefacción, redondeada al primer decimal. Los valores de las temporadas de calefacción respecto a las cuales no se indique la carga de diseño se señalarán con una "X".

VII. Respecto al modo de refrigeración: factor de eficiencia energética estacional (valor SEER), redondeado al primer decimal.

VIII. Respecto al modo de calefacción: coeficiente de rendimiento estacional (valor SCOP) de las respectivas (hasta tres) temporadas de calefacción, redondeado al primer decimal. Los valores de las temporadas de calefacción respecto a las cuales no se indique el valor SCOP se señalarán con una "X".

IX. Consumo anual de energía, en kWh al año, de la refrigeración y de la calefacción, redondeado al número entero más próximo. Los valores de las temporadas de calefacción respecto a las cuales no se indique el consumo anual de energía se señalarán con una "X".

X. Niveles de potencia acústica de las unidades de interior y de exterior, expresada en dB(A) re1 pW, redondeada al número entero más próximo.

XI. Mapa de Europa que muestra tres temporadas de calefacción indicativas y sus respectivos cuadrados de color.

Para saber más

Se recomienda que guarde una copia del Reglamento Delegado (UE) n.º 626/2011 para consultarlo cuando sea necesario. Puede acceder a este reglamento a través del siguiente enlace:

https://redirectoronline.com/uf05660601

Aplicación práctica

En una instalación de climatización se dispone de un equipo destinado al acondicionamiento del aire mediante conducto único cuyas capacidades calorífica y frigorífica son de 5.000 vatios y 4.600 vatios respectivamente, en las mismas condiciones.

El consumo eléctrico del equipo en modo frío es de 1,5 kW, mientras que en modo calefacción es de 1,85 kW.

Determine el coeficiente de energía eficiencia energética y el coeficiente de rendimiento. Relacione ambos con la categoría correspondiente a la eficiencia energética que le corresponde a ese equipo.

SOLUCIÓN

Coeficiente de eficiencia energética (EER)

ERR = (capacidad frigorífica (Kw))/(potencia consumida (Kw)) = 5/1,85 = 2,70

Coeficiente de rendimiento (COP)

COP = (capacidad calorífica (Kw))/(potencia consumida (Kw)) = 4,6/1,5=3,07

En modo refrigeración, la eficiencia energética EER_{rated} se encuentra dentro del rango 2,6-3,1, que corresponde con una clasificación del tipo A.

En modo calefacción, la eficiencia energética COP_{rated} se encuentra dentro del rango 2,6-3,1, que corresponde con una clasificación del tipo A.

Actividades

1. Calcule el ERR y COP de un equipo que tiene una capacidad frigorífica de 7,65 kW y una capacidad calorífica de 9,25 kW. Su consumo eléctrico a plena potencia es de 1,98 kW en modo refrigeración y de 1.505 kW en modo calefacción.
2. Determine el grado de clasificación energética que le corresponde al equipo de la actividad anterior.

4. Eficiencia en la distribución: redes de conductos

Un elemento clave en un sistema de climatización son los conductos que conforman la red de distribución, que conectan la zona de generación con la de consumo, en aquellas instalaciones en las que estos equipos no se encuentran contiguos.

Los conductos tienen su propia normativa, en la que se establecen las pérdidas energéticas que se pueden producir en ellos dependiendo de la forma del conducto utilizado para el transporte del fluido, según si se desea calefactar o refrigerar un local.

El RITE, en su IT 1.2.4.2.2, regula los aspectos que se deben tener en cuenta con respecto al aislamiento térmico de las redes de conductos. Entre estas condiciones se establece lo siguiente:

- Los conductos y accesorios de la red de impulsión de aire dispondrán de un aislamiento térmico tal que garantice que la pérdida de calor no supera el 4 % de la potencia transportada y que evite la aparición de condensaciones.
- Cuando la potencia útil nominal del generador sea menor o igual a 70 kW, se pueden aplicar los siguientes espesores para los materiales cuya conductividad térmica de referencia a 10 °C sea de 0,040 W/ (m.K):

- 30 mm en interiores
- 50 mm en exteriores
- En exteriores 50 mm

Para los materiales cuya conductividad sea diferente a la referencia del punto anterior, el espesor mínimo debe calcularse atendiendo al tipo de superficie empleada:

- Superficies planas:

$$d = d_{ref} \cdot \lambda / \lambda_{ref}$$

- Superficies circulares:

$$d = D/2\ [e^{(\lambda/\lambda_{ref} \times \ln (D+(2 \times d_{ref})/D)} - 1]$$

En las fórmulas de cálculo anteriores, se utilizan los siguientes parámetros:

- λ_{ref}: conductividad térmica de referencia (0,04 W/(m·K) a 10 °C)
- λ: conductividad térmica del material (W/(m·K))
- d_{ref}: espesor mínimo de referencia (mm)
- d: espesor mínimo del material empleado (mm)
- D: diámetro interior del material aislante y que coincide con el diámetro exterior de la tubería (mm)
- ln: logaritmo neperiano (base 2,7183)
- exp: número neperiano elevado a la expresión entre paréntesis

Aplicación práctica

Le piden que elija el aislamiento de un conducto de 40 cm de diámetro correspondiente a la climatización de una sala que tiene pérdidas de calor, teniendo en cuenta que el espesor total debe ser inferior a 50 mm.

Dispone de tres tipos de aislante térmico:

$\lambda_1 = 0{,}030$ w/(m x K^2)	$\lambda_2 = 0{,}040$ w/(m x K^2)	$\lambda_3 = 0{,}050$ w/(m x K^2)

SOLUCIÓN - AISLANTE 1

Se empleará la fórmula correspondiente a un conducto circular.

$$d = D/2\ [e^{(\lambda/\lambda_{ref} \times \ln\ (D+(2 \times d_{ref})/D)} - 1]$$

$$d = 400/2\ [e^{(0{,}030/0{,}040 \times \ln\ 400+(2 \times 50)/400)} - 1]$$

$$d = 400/2\ [1{,}18 - 1]$$

$$d = 36{,}44\ \text{mm}$$

El valor obtenido con este tipo de aislante es válido para aislar el conducto.

Continúa en página siguiente >>

<< Viene de página anterior

SOLUCIÓN – AISLANTE 2

Se empleará la misma fórmula que en la solución anterior.

$$d = D/2\ [e^{(\lambda/\lambda_{ref} \times \ln (D+(2\times d_{ref})/D)} - 1]$$

$$d = 400/2\ [e^{(0{,}040/0{,}040 \times \ln 400+(2\times 50)/400)} - 1]$$

$$d = 400/2\ [1{,}25 - 1]$$

$$d = 50 \text{ mm}$$

El valor obtenido con este tipo de aislante es válido para aislar el conducto.

SOLUCIÓN – AISLANTE 3

Se seguirá el mismo procedimiento que en las soluciones anteriores.

$$d = D/2\ [e^{(\lambda/\lambda_{ref} \times \ln (D+(2\times d_{ref})/D)} - 1]$$

$$d = 400/2\ [e^{(0{,}050/0{,}040 \times \ln 400+(2\times 50)/400)} - 1]$$

$$d = 400/2\ [1{,}32 - 1]$$

$$d = 64{,}34 \text{ mm}$$

El valor obtenido con este tipo de aislante NO es válido para aislar el conducto.

Siempre que circula un fluido a través de un conducto existe una pérdida energética, lo que provoca que el equipo de generación deba tener una potencia, como mínimo, de la demandada, más las pérdidas que se producen en los conductos, por lo que se deben tratar de reducir al máximo las pérdidas que se producen en estos.

Importante

El trazado de las conducciones debe ser lo más corto y recto posible, atendiendo a las características específicas del fluido transportado.

Para lograr un buen aislamiento, el RITE establece lo que sigue:

- Los conductos o tuberías deben tener un aislamiento suficiente para que la pérdida de calor no supere el 4 % de la potencia transportada y que evite las posibles condensaciones.
- Los conductos de retorno, cuando estén en el exterior de los edificios o en el interior si la temperatura es menor que la del punto de rocío, se instalarán con el aislante correspondiente.
- Los conductos de toma de aire deben aislarse para evitar las condensaciones.
- En el exterior del edificio se deben usar conductos circulares, puesto que los rectangulares tienden a curvarse por la acción de la lluvia y las inclemencias meteorológicas.

Se debe cuidar la estanqueidad de los conductos frente a las pérdidas de aire, para lo cual la IT 1.2.4.2.3 del RITE establece:

$$f = c \times p^{0,65}$$

En la ecuación anterior:

- f: representa las fugas de aire en $dm^3/(s \cdot m^2)$
- p: es la presión estática en pascales
- c: coeficiente que define la clase de estanquidad

Las clases de estanqueidad se definen acorde a la siguiente tabla:

Clase	Coeficiente c	Presión máxima (Pa)	Estanqueidad máxima
ATC 1	0,00033		
ATC 2	0,001	2000	0,14
ATC 3	0,003	2000	0,42
ATC 4	0,009	100	0,80
ATC 5	0,027	500	1,53
ATC 6	0,0675		
ATC 7	No clasificada		

Clases de estanquidad (Tabla 2.4.2.6. del RITE)

Atendiendo a las indicaciones establecidas en el RITE, las redes de conductos tendrán una estanquidad ATC 4 o superior.

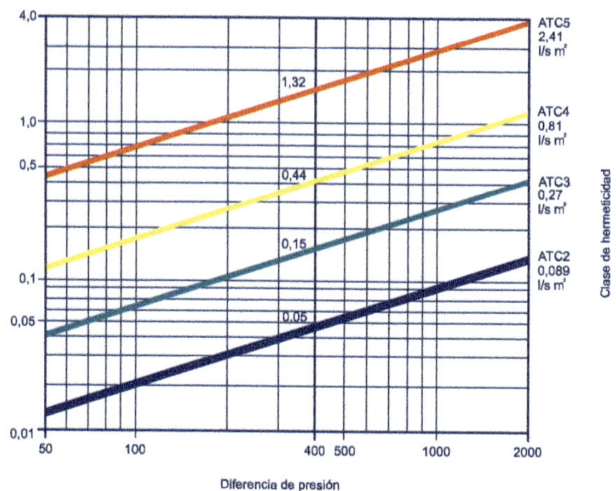

Gráfica con los límites de fugas de las categorías de estanqueidad de conductos y clases de hermeticidad internacionales ATC5 a ATC2 (antes A hasta D)

Aunque la norma UNE-EN 12237:2003 (relativa a la ventilación de edificios, los conductos, la resistencia y las fugas de conductos circulares de chapa metálica) clasifica los conductos en 4 niveles (A, B, C y D de menor a mayor nivel). Actualmente se han adoptado las categorías internacionales, cuyas correspondencias son las siguientes:

ATC 2 → D	ATC 3 → C	ATC 4 → B	ATC 5 → A

Aplicación práctica

Se quiere aislar el conducto de una instalación climatizadora de calefacción/refrigeración que discurre por el interior de una planta de oficinas cuya potencia es de 50 kW.

¿Qué estanqueidad y de qué clase debe tener el aislamiento si la presión de trabajo del conducto es de 400 Pa?

SOLUCIÓN

Para solucionar esta aplicación se tendrá en cuenta que:

El aislamiento tiene una conductividad térmica de 0,04 W/ (m k) a 10 °C. Los espesores mínimos expresados en la tabla 3 expuesta anteriormente son válidos.

La potencia del generador es menor a los 70 kW.

De acuerdo con las indicaciones establecidas en el RITE, las redes de conductos tendrán una estanquidad mínima ATC 4 o superior, lo que provoca que el coeficiente c sea como mínimo 0,009, aunque atendiendo a la presión de trabajo puede tomar otros valores diferentes.

La estanqueidad del conducto se calcula mediante la siguiente fórmula:

$$f = c \times p^{0,65}$$

$$f = 0{,}009 \times 400^{0,65}$$

$$f = 0{,}44 \ dm^3/(s \ m^2)$$

Continúa en página siguiente >>

<< Viene de página anterior

De acuerdo con la tabla 3, se obtiene que es una instalación cuya:

- Categoría es ATC 4 y admite una presión máxima de 1.000 Pa.
- Estanqueidad máxima es de 0,80, que es inferior a la calculada.

Actividades

3. Calcule la estanqueidad y la clase del conducto de la aplicación práctica anterior para una presión de trabajo de 800 Pa y 1.500 Pa.

5. Eficiencia en el control de instalaciones

Es obligatorio que las instalaciones de climatización cuenten con dispositivos de regulación y control eficientes que garanticen el correcto funcionamiento de todos los elementos que integran la instalación.

El RITE establece, en su *IT 1.2.4.3.1. Control de instalaciones de climatización,* las condiciones que deben cumplir estos sistemas:

- Todas las instalaciones térmicas deben dotarse de los sistemas automáticos de control necesarios para mantener las condiciones de diseño previstas en las ubicaciones a climatizar, ajustando el consumo de energía a las variaciones de la carga térmica.
- El empleo de controles de tipo todo-nada únicamente se podrá utilizar cuando:
    - Existan limitaciones de seguridad de temperatura y presión.
    - Se regule la velocidad de los ventiladores de las unidades terminales.

- Se controle la emisión térmica de los generadores individuales de la instalación.
- Se controle la ventilación de las salas de máquinas en las que exista ventilación forzada.

Importante

El RITE solo permite el rearme automático de los dispositivos de seguridad cuando se indique expresamente en sus instrucciones técnicas.

En aquellos sistemas compuestos por distintos subsistemas de climatización, se deben incorporar los elementos necesarios para dejar fuera de servicio cada uno de los equipos por separado, sin influir en el resto.

Sabía que...

El RITE obliga a aislar además de los conductos, todos los accesorios que integran el sistema (codos, válvulas, abrazaderas, manguitos, etc.).

Cuando en el sistema de climatización exista más de un generador, estos se podrán conectar de dos formas:

- **En serie:** cuando se necesita un aumento de la demanda de fluido caloportador en la instalación se conecta la salida del generador con la entrada del siguiente, hasta lograr que el fluido pase por todos los equipos y alcance la mayor eficiencia atendiendo a la demanda necesaria.

- **En paralelo:** al contrario que en el caso anterior, se precisa una disminución de la demanda, por lo que se regula cada uno de los generadores conectados en paralelo, hasta que se consigue la mayor eficiencia atendiendo a la demanda necesaria. En estos sistemas cada generador aporta una parte del fluido, por lo que trabajan en etapas para lograr la eficiencia de todos los equipos.

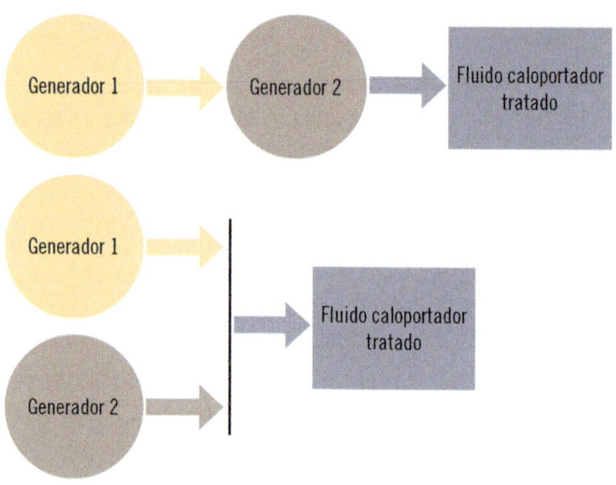

Generadores conectados en serie (superior) y en paralelo (inferior)

Los ventiladores que tengan la capacidad de generar más de 18.000 m^3/h o 5 m^3/s deben incorporar un dispositivo de medición y control del caudal de aire.

Actividades

4. Investigue el motivo por el cual se deben aislar los conductos interiores cuando el aire tiene una temperatura menor que el punto de rocío.
5. ¿Qué similitudes tienen las conexiones de los generadores de climatización con las conexiones eléctricas de distintas resistencias?

La IT 1.2.4.3.2 (sobre el control de las condiciones termohigrométricas) establece que los sistemas de climatización, centralizados o individuales, se deben diseñar teniendo en cuenta el control del ambiente interior desde el punto de vista termohigrométrico.

Para cumplir esta instrucción, las condiciones termohigrométricas se clasifican en seis categorías, de la THM-C 0 a la THM-C 5.

Categoría	Ventilación	Calentamiento	Refrigeración	Humidificación	Deshumidificación
THM-C 0	1	3	3	3	3
THM-C 1	1	1	3	3	3
THM-C 2	1	1	3	1	3
THM-C 3	1	1	1	3	2
THM-C 4	1	1	1	1	2
THM-C 5	1	1	1	1	1

1 – Controlado por el sistema y garantizado en el local
2 – Afectado por el sistema, pero no controlado en el local
3 – No influenciado por el sistema

Control de las condiciones termohigrométricas. (Tabla 2.4.3.1. del RITE)

A continuación, se analizarán las categorías anteriores:

- **THM-C 0:** el sistema solo inyecta aire del exterior. No se realiza ningún control sobre la temperatura ni la humedad del aire.
- **THM-C 1:** el sistema ventila (si el fluido caloportador es el aire) y calefacta (si el fluido caloportador es agua). Los controles más habituales son:

  - **Variación de la temperatura del fluido** portador en función de la temperatura exterior: la demanda térmica interna depende de las condiciones exteriores.
  - **Control de la temperatura del ambiente** por zona térmica: no se considera la instalación como un todo.

- En los sistemas de calefacción por agua en las viviendas se instalará una **válvula termostática** en cada una de las unidades terminales de los locales principales de estas (sala de estar, comedor, dormitorios, etc.). Es necesario adaptar la instalación para mantener el caudal mínimo de la bomba.

- **THM-C 2:** el sistema ventila, calefacta y humidifica. Debe incorporar un sensor que controle la humedad relativa deseada en el habitáculo climatizado. La ventana de confort en invierno está comprendida entre el 50 % y el 60 % de humedad relativa.
- **THM-C 3:** el sistema ventila, refrigera, calefacta y deshumidifica. La mayoría de los equipos de climatización pertenecen a esta clasificación. Al igual que el tipo THM-C 1, precisan de ventilación.
- **THM-C 4:** similar a los de tipo THM-C 3, sobre los que incorpora un control de la humedad relativa media o de la ubicación más representativa.
- **THM-C 5:** similar a los de tipo THM-C 3, sobre los que se añade el control de la humedad relativa en todas las ubicaciones que conforman la instalación.

EL RITE establece, dentro de la IT 1.2.4.3.3 (sobre el control de la calidad del aire en las instalaciones de climatización), las condiciones que debe tener el aire y los métodos de control de la calidad de este. Estas condiciones se recogen en la siguiente tabla:

Categoría	Tipo de control	Descripción
IDA-C 1		El sistema funciona continuamente.
IDA-C 2	Manual	El sistema funciona manualmente, controlado por un interruptor.
IDA-C 3	Por tiempo	El sistema funciona de acuerdo con un determinado horario.
IDA-C 4	Por presencia	El sistema funciona por una señal de presencia (encendido de luces, infrarrojos, etc.).
IDA-C 5	Por ocupación	El sistema funciona dependiendo del número de personas presentes.
IDA-C 6	Directo	El sistema está controlado por sensores que miden parámetros de calidad del aire interior (CO_2 o VOC).

Control de la calidad del aire interior (Tabla 2.4.3.2. del RITE)

Sabía que...

El método IDA-C 1 se utiliza con carácter general.

Los métodos IDA-C 2, IDA-C 3 e IDA-C 4 se emplearán en los locales en los que no haya una ocupación humana permanente.

Los métodos IDA-C 5 e IDA-C 6 se emplearán en los locales con gran ocupación.

Actividades

6. Ponga un ejemplo de instalación que corresponda con cada una de las categorías TMH-C.
7. Establezca distintos ejemplos de instalación de control de la calidad del aire interior para cada una de las categorías recogidas en la tabla 5.

Aplicación práctica

¿Qué categoría de control de las condiciones termohigrométricas debe adoptarse para un sistema de climatización integrado por una enfriadora con bomba de calor, una UTA y un sistema de distribución de aire tratado distribuido por conductos que no incorpora batería de poscalentamiento?

¿Qué categoría le correspondería al mismo equipo si se incorporase un reloj horario que controlase el tiempo de funcionamiento?

SOLUCIÓN

De acuerdo con la tabla 4, correspondiente a los datos para el control de las condiciones termohigrométricas, se puede observar que corresponde con un control del tipo THM-C 4,

Continúa en página siguiente >>

<< Viene de página anterior

puesto que el equipo controla el calentamiento, la ventilación, la refrigeración y la humidificación. No se puede controlar la deshumidificación, puesto que carece de batería de postratamiento del aire. Esta última característica es necesaria para poder clasificar el tipo de control dentro de la categoría superior (THM-C 5).

Atendiendo a la tabla 5, que se refiere al control de la calidad el aire interior, se puede establecer un control de tipo IDA-C 2 si se realiza el control manualmente, poniendo en marcha y deteniendo el sistema de climatización. Si se controlase mediante un programador el control, sería del tipo IDA-C 3.

6. Contabilización de consumos

Las instalaciones de climatización están destinadas a satisfacer las demandas del usuario que ocupa una estancia, para conseguir que este alcance el grado de confort deseado. Esta característica provoca que estas instalaciones no presenten restricciones, puesto que cada persona requiere de unas condiciones de confortabilidad diferentes, lo que hace necesario controlar el consumo para garantizar que el coste económico y la eficiencia de la instalación se adecuen a las demandas del usuario.

La contabilización de los consumos presenta, entre otras, las siguientes ventajas:

- Mejora la eficiencia energética.
- Mide la eficiencia energética y el ahorro producido.
- Comprueba que los consumos corresponden a los definidos en el proyecto de la instalación.
- Analiza si algún elemento funciona de manera incorrecta, al facilitar la comparación de los consumos entre periodos.

El RITE, en su IT 1.2.4.4 (referida a la contabilización de consumos), establece lo siguiente:

- Toda instalación térmica que dé servicio a varios usuarios debe incorporar un sistema que permita asignar a cada usuario el gasto realizado, así como interrumpir el suministro desde el exterior del punto de suministro.
- Las instalaciones térmicas que suministren calefacción o refrigeración utilizando una instalación centralizada deben incorporar un sistema individual de contabilización de consumos.

Recuerde

Cada usuario debe disponer de sus propios contadores de energía (eléctrica y térmica) como forma de ahorro, para que sean conscientes de la energía que consumen.

Actividades

8. Realice un resumen de los requisitos que establece la IT 1.2.4.4 del RITE para la contabilización de consumos.

Si se dispone de un sistema cuya potencia nominal supera los 70 kW, se deben incorporar contadores independientes para la climatización y el combustible, de manera que se pueda analizar el rendimiento de la instalación climatizadora. Para conseguir que el análisis sea efectivo, se instalarán equipos que permitan conocer las horas de funcionamiento y el número de arranques del generador.

En los sistemas de climatización en los que haya bombas o ventiladores y cualquiera de ellos supere los 20 kW de potencia, se debe instalar un contador de las horas de funcionamiento del equipo.

Se quiere diseñar un sistema que contabilice el consumo de una instalación de climatización que dispone de una bomba de calor. La potencia de los generadores de frío/calor es de 100 kW. ¿Qué aspectos deben contabilizarse?

SOLUCIÓN

Como la potencia de los generadores frío/calor es superior a los 70 kW, el sistema debe contabilizar:

- El consumo de combustible.
- El consumo de electricidad.
- Las horas de funcionamiento del generador de frío.
- Las horas de funcionamiento de los compresores.
- El número de arranques de los compresores.

Si el consumo de las bombas y los ventiladores es superior a 20 kW, también se deben contabilizar las horas de funcionamiento y el número de arranques.

7. Enfriamiento gratuito

En los sistemas cuya potencia sea superior a 70 kW es obligatorio instalar un sistema de enfriamiento gratuito por aire exterior. Aunque, si se dispone de una unidad de tratamiento de aire (UTA), se puede ventilar el local sea adecuada la calidad del aire o no.

Los sistemas de enfriamiento se pueden controlar mediante una sonda de temperatura situada en el exterior del local que provoque el arranque del sistema de ventilación previo a la generación de frío.

El RITE establece en su IT 1.2.4.5. (que trata de la recuperación de energía) los métodos posibles para llevar a cabo el citado enfriamiento.

Todos los sistemas de refrigeración cuya potencia nominal sea superior a 70 kW deben incorporar un sistema de enfriamiento gratuito.

7.1. Enfriamiento gratuito por aire exterior

Este tipo de sistemas usan el aire del exterior en lugar del aire de retorno, lo que mejora las condiciones térmicas del sistema.

Este enfriamiento se utiliza cuando las características térmicas del aire de retorno se acercan a las requeridas por el sistema, lo que en algunas épocas del año se considera lo más adecuado, sobre todo cuando la temperatura del interior de la estancia que refrigerar es elevada y las condiciones climáticas son las adecuadas para llevarlo a cabo.

Si interesa reducir la temperatura de una habitación en invierno, es más eficaz abrir la ventana y permitir la entrada de aire del exterior que poner en marcha el sistema de refrigeración.

7.2. Enfriamiento gratuito por torre de refrigeración

Este enfriamiento se utiliza en aquellas instalaciones en las que el refrigerante es agua, en las que se condensa el agua, como sucede en las torres de refrigeración.

En este tipo de enfriamiento se debe tener en cuenta que:

- Se puede disminuir el agua de refrigeración para conseguir un mayor rendimiento si la temperatura exterior es baja.
- Hay que evitar la entrada de agua contaminada en el circuito de refrigeración. Habitualmente se usan torres de circuito cerrado.
- Si las tuberías están en el exterior deben protegerse para evitar que se congelen.

Actividades

9. ¿Qué sección de la UTA realiza el enfriamiento gratuito por aire?

8. Recuperación de energía

El RITE, en su IT 1.2.4.5.2. (sobre la recuperación de calor del aire de extracción), consciente de que el consumo energético en este tipo de instalaciones es alto, establece que se deben instalar recuperadores de calor que, sin modificar la calidad del aire interior, consigan generar un ahorro energético.

Las instalaciones que deben incorporar recuperadores de energía según el RITE son:

- Los sistemas de climatización destinados a los edificios en los que el caudal de aire expulsado al exterior por medios mecánicos sea superior a 0,28 m^3/s.
- Las unidades de ventilación bidireccionales, o los componentes para la ventilación de las unidades de tratamiento de aire de los sistemas todo aire.
- En los equipos que dispongan de etiquetado energético se indicará la clase y se recogerá la misma en el proyecto o memoria técnica.

- En las piscinas climatizadas, la energía térmica del aire expulsado deberá ser recuperada, con una eficiencia mínima y unas pérdidas máximas de presión establecidas, atendiendo al caudal de aire y a las horas anuales de funcionamiento.

Horas anuales de funcionamiento	Caudal de aire exterior (m^3/s)									
	> 0,5 y ≤ 1,5		> 1,5 y ≤ 3		> 3 y ≤ 6		> 6 y ≤ 12		> 12	
	%	Pa	%	Pa	%	Pa	%	Pa	%	Pa
Menos de 2.000	40	100	44	120	47	140	55	160	60	180
Entre 2.001 y 4.000	44	140	47	160	52	180	58	200	64	220
Entre 4.001 y 6.000	47	160	50	180	55	200	64	220	70	240
Más de 6.001	50	180	55	200	60	220	70	240	75	260

Eficiencia de la recuperación en piscinas climatizadas (Tabla 2.4.5.1. del RITE)

Como alternativa al uso de aire exterior, para el mantenimiento de la humedad relativa se puede incorporar una bomba de calor específica, destinada al enfriamiento, deshumectación y recalentamiento del aire existente, lo que creará un ciclo cerrado de recuperación de aire.

Los recuperadores de calor son equipos integrados en el sistema de ventilación destinados a extraer el aire viciado del interior de las estancias y sustituirlo por aire limpio, mediante un proceso en el que las características del aire extraído se intercambien con el aire impulsado, sin que ambos se mezclen.

Para llevar a cabo esta transferencia de temperatura o humedad, se puede emplear cualquiera de los siguientes procesos:

- **Enfriamiento adiabático:** varía la temperatura de bulbo seco y la humedad absoluta del aire impulsado. No se produce intercambio de calor entre el aire extraído y el impulsado. La temperatura de bulbo seco del aire impulsado se reduce al aumentar su humedad.
- **Recuperación de calor latente:** la temperatura de bulbo seco del aire impulsado permanece constante, varía su humedad absoluta.

- **Recuperación de calor sensible:** la humedad absoluta del aire impulsado permanece constante, varía la temperatura de bulbo seco.

8.1. Estratificación

El RITE, en la IT 1.2.4.5.3 (referida a la estratificación) establece lo siguiente:

- En los locales de gran altura se debe estudiar y favorecer durante los períodos de refrigeración y combatir durante los períodos de calefacción la estratificación térmica del aire interior.

Definición

Estratificación
Proceso por el cual el aire caliente, al ser más ligero que el frío, se acumula en la parte superior de una estancia.

Ejemplo de un edificio estratificado y otro destratificado

6
3
0
Altura en metros
27 °C
24 °C
21 °C
18 °C
Edificio sin destratificación
Destratificador EXHALACIÓN
Preparación de aire
Edificio destratificado EXHALE

Actividades

10. Investigue acerca de los diferentes métodos que se pueden utilizar para destratificar el aire.

En los locales en cuyo interior se alojen personas, únicamente se debe climatizar la zona ocupada por estas hasta una altura de 2 m sobre el suelo, manteniendo una diferencia de temperatura de 2 °C entre la cabeza y los pies de las personas.

La estratificación es favorable en las ocasiones en las que sea necesario enfriar el local. En el caso de que se necesite calentarlo, debe eliminarse, para lo cual se puede:

- Mezclar todo el aire del local para conseguir una temperatura uniforme.
- Usar un sistema de calefacción mediante suelo o techo radiante.
- Usar difusores y ventiladores que desplacen el aire caliente hacia la zona ocupada.
- Distribuir el aire caliente hacia unas zonas específicas usando toberas.

Recuerde

La estratificación es favorable en modo refrigeración, ya que desplaza el aire caliente hacia la parte superior del local, pero es desfavorable en modo calefacción.

8.2. Zonificación

Otro aspecto que trata el RITE en su IT 1.2.4.5.4 es la zonificación. Establece lo siguiente al respecto:

- La zonificación trata de obtener un alto grado de bienestar y ahorro de energía.
- Cada sistema se dividirá en subsistemas, teniendo en cuenta la compartimentación de los espacios interiores, orientación, uso, ocupación y horario de funcionamiento.

La zonificación se aplica a las unidades terminales, a las redes de transporte de agua y a las de aire.

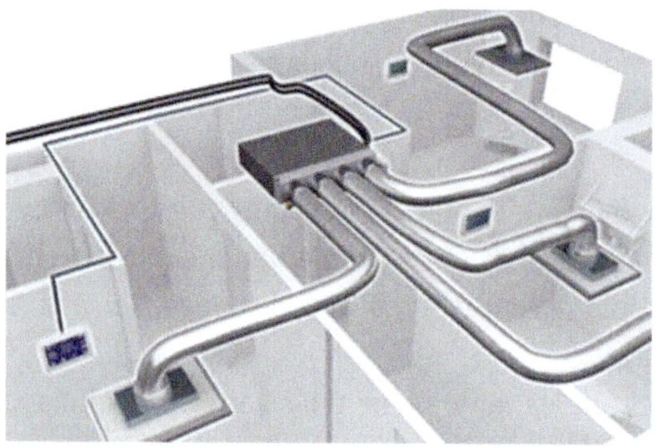

Ejemplo de zonificación por conductos

9. Limitaciones en la utilización de la energía convencional

El RITE, en su IT 1.2.4.7, establece algunas limitaciones en la utilización de la energía convencional, para tratar de favorecer el ahorro energético y el uso de energías alternativas.

En esta instrucción técnica se limita el uso de energías convencionales para producir calefacción centralizada mediante el uso de resistencias (efecto Joule), excepto en los siguientes casos:

- *En las instalaciones con bomba de calor cuya relación entre la potencia eléctrica en resistencias de apoyo y la potencia eléctrica en bornes del motor del compresor sea igual o inferior a 1,2.*
- *En los locales con instalaciones que, usando fuentes de energía renovable o energía residual, empleen la energía eléctrica como fuente auxiliar de apoyo, siempre que las necesidades energéticas anuales cubiertas por estas energías sean superiores a los dos tercios.*
- *En los locales en los que existan instalaciones de generación de calor mediante sistemas de acumulación térmica, siempre que la acumulación se lleve a cabo durante las horas de suministro eléctrico tipo «valle».*

Esta instrucción técnica establece que los locales no habitables no deben climatizarse, excepto si para hacerlo se utilizan fuentes de energía renovable o residual.

Local no habitable
Se entiende por local no habitable cualquier recinto interior no destinado al uso permanente por personas, como son los garajes.

En lo que respecta a la acción simultánea de fluidos con temperatura opuesta, esta instrucción técnica prohíbe el mantenimiento de las condiciones termohigrométricas de una zona mediante procesos sucesivos de enfriamiento y calentamiento, o mediante la acción simultánea de dos fluidos con temperaturas de efectos opuestas, excepto en los siguientes casos justificados:

a. *Que se realice por una fuente de energía gratuita o sea recuperado del condensador de un equipo frigorífico.*
b. *Que sea imperativo para mantener la humedad relativa dentro de los márgenes requeridos.*

c. *Que sea necesario mantener los locales acondicionados con presión positiva con respecto a los locales adyacentes.*
d. *Que se necesite simultanear las entradas de caudales de aire de temperaturas antagónicas para mantener el caudal mínimo de aire de ventilación.*
e. *Que la mezcla de aire tenga lugar en dos zonas diferentes del mismo ambiente.*

Importante

Queda prohibida la utilización de combustibles sólidos de origen fósil en las instalaciones térmicas de los edificios de nueva construcción y en las instalaciones térmicas que se reformen en los edificios existentes.

Actividades

11. Establezca las diferencias existentes entre energía renovable, residual y convencional.
12. ¿Qué se entiende por fluidos de temperaturas opuestas o contraflujos?
13. ¿Por qué es más eficiente el contraflujo en los intercambiadores de calor?

10. Calidad térmica del ambiente

La IT 1.1.4.1 del RITE establece las exigencias de la calidad térmica del ambiente y los valores para su dimensionado, para lo cual se debe analizar la temperatura operativa, la humedad relativa, la velocidad media del aire y otras condiciones de bienestar que intervienen en el grado de confort que ofrece una estancia para una persona.

Definición

Confort
Estado ideal de bienestar, salud y comodidad en la cual no existe en el ambiente ninguna distracción o molestia que perturbe física o mentalmente a las personas.

Aunque es un concepto que depende de diferentes factores, destaca el confort térmico, que corresponde a la sensación de comodidad o incomodidad que tiene una persona de acuerdo con el ambiente higrotérmico en el que se encuentra.

Aunque el RITE establece los valores específicos de temperatura, humedad y velocidad del aire que se deben alcanzar en los locales climatizados, el concepto *confort* es subjetivo, puesto que depende de persona.

Para establecer el nivel de confort de una ubicación se deben tener en cuenta los parámetros que se analizarán a continuación.

Actividad física de las personas

Dependiendo de la actividad física que se realice en el interior del local, las personas tendrán una sensación térmica mayor o menor, debida a la variación de la humedad relativa del aire interior.

La actividad física se mide en MET, que se define como la energía necesaria para mantener la actividad física y que equivale a 58,2 w/m^2.

Gasto energético para actividades deportivas	
2 – 2,5 MET	Jugar al billar – Tocar el piano – Escribir – Paseo a caballo
2,5-3 MET	Andar a 3 km/h – Bailes de salón lento – Jugar al voleibol

Continúa en página siguiente >>

<< Viene de página anterior

Gasto energético para actividades deportivas	
3- 5 MET	Bicicleta (paseo) – Trabajos de jardinería – Navegar – Nadar despacio – Andar a 5 km/h – Cortar el césped con máquina
5- 7 MET	Escalar colinas sin peso – Andar en bicicleta (moderadamente) – Bailes aeróbicos – *Ballet* – Bailes de salón rápidos – Kárate – Yudo – Patinar
7- 10 MET	Escalar (con 5 kg de peso) – Nadar rápido
> 10 MET	Carrera a 10 km/h – Jugar al *squash*

Gastos energéticos de la actividad laboral	
1 – 2 MET	Trabajos de oficina – Trabajos manuales ligeros – Conducir un automóvil – Médico – Profesor – Delineante – Impresor – Peluquero – Barrido de superficies – Planchado
2,5 – 3 MET	Portero de inmuebles – Cerrajero – Electricista – Cirujano – Panadero – Empapelador – Conductor de grúas o equipos agrícolas – Guisar – Lavar los platos – Quitar el polvo – Sacudir las alfombras – Tender la ropa
3,5 – 4 MET	Conducir un camión – Picapedrero – Soldador – Albañil (levantar paredes) – Mecánico (automóvil) – Realizar una instalación eléctrica – Empujar una carretilla (35 kg) – Limpiar los cristales – Abrillantar suelos
4,5 – 5 MET	Pintar con brocha – Albañilería – Carpintería y tapicería – Peletería – Barnizado – Fregado de suelo
5,5 – 6 MET	Transporte de objetos (30 kg) – Cavar en el terreno – Mover tierra suelta con pala – Trabajos industriales
6,5 – 7 MET	Transporte de objetos (35 kg) – Partir leña
7,5 – 8 MET	Cavar zanjas – Serrado de madera dura –Trabajar con mucho calor o humedad
8,5 – 9 MET	Trabajos en la mina y la fundición – Transporte de elementos de más de 45 kg
> 9 MET	Trabajar con una pala de más de 7,5 kg durante 10 min

Gastos energéticos para actividades deportivas y laborales

Forma de vestir

La vestimenta empleada por las personas que se encuentren en el interior de esa estancia influirá en la sensación de confort.

Las características térmicas de la ropa se miden en clos *(clothing unit)*. Un clo equivale a una resistencia térmica de 0,155 m² °C/W.

Tabla de características térmicas de la ropa	
Desnudo	0 clo
Ligero	0,5 clo (vestimenta de verano)
Medio	1 clo (traje completo)
Pesado	1,5 clo (uniforme militar de invierno)

Características térmicas de la ropa (NTP 74: Confort térmico - Método de Fanger para su evaluación)

Para saber más

Debido a la importancia que la vestimenta tiene en la ergonomía en el trabajo, el Instituto Nacional de Seguridad y Salud en el Trabajo (INSST) pone a disposición de los usuarios una calculadora para hallar la resistencia térmica de la vestimenta a la que puede acceder desde el siguiente enlace:

https://redirectoronline.com/uf05660602

Porcentaje de personas insatisfechas – PPD

Representa porcentualmente el número de usuarios que no se encuentran satisfechos térmicamente una vez que han estado en una ubicación durante un periodo de tiempo en el que se han definido unas condiciones termohigrométricas.

Cuanto menor sea este valor, mayor será el grado de conformidad con las condiciones de climatización establecidas para esa localización.

10.1. Temperatura operativa y humedad relativa

La misión fundamental de un sistema o instalación de climatización es garantizar que la estancia que climatizar cumple con las condiciones de temperatura y humedad relativa definidas por el RITE en su IT 1.1.4.1.2, que trata sobre la temperatura operativa y la humedad relativa.

La **temperatura operativa** se define como la temperatura constante que debe tener un recinto en el cual un ocupante intercambiaría la misma cantidad de calor por radiación y convección que en el ambiente no uniforme real. La temperatura operativa se asemeja a la sensación térmica.

Para las personas cuya actividad sea sedentaria, que utilicen una vestimenta ligera y cuyo porcentaje de insatisfacción en el local alcance hasta un 10 %, se pueden establecer los siguientes valores de temperatura operativa y humedad relativa:

Estación	Temperatura operativa	Humedad relativa
Verano	Entre 23 y 25 °C	Entre 45 y 60 %
Invierno	Entre 21 y 23 °C	Entre 40 y 50 %

Condiciones interiores de diseño (Tabla 1.4.1.1 del RITE)

Para unos valores distintos de actividad, de grado de vestimenta y porcentaje de insatisfacción se debe utilizar la norma UNE-EN ISO 7730: "Ergonomía del ambiente térmico. Determinación analítica e interpretación del bienestar térmico mediante el cálculo de los índices PMV y PPD y los criterios de bienestar térmico local".

En el siguiente gráfico se representan las zonas de confort para las estaciones de verano e invierno para un PPD del 10 %.

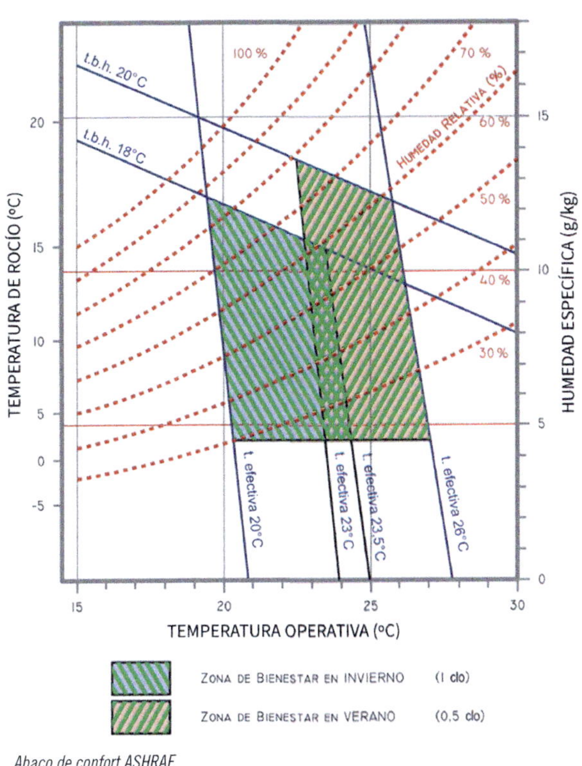

Abaco de confort ASHRAE

En las ubicaciones en las que existan piscinas climatizadas, la temperatura seca del aire se mantendrá entre 1 y 2 °C por encima de la temperatura del agua del vaso, con un máximo de 30 °C. La humedad relativa del local se mantendrá siempre por debajo del 65 %, para proteger los cerramientos contra la formación de condensaciones.

10.2. Velocidad media del aire

Las corrientes de aire en los locales climatizados son una de las causas de enfriamiento de los usuarios, por lo que se deben controlar las velocidades de propagación para garantizar que el grado de satisfacción es el mayor posible.

El RITE, en su IT 1.1.4.1.3, donde se trata de la velocidad media del aire, establece las condiciones que se deben cumplir para evitar que las corrientes de aire sean molestas para las personas que se encuentran en el interior de la estancia climatizada. Esta instrucción complementaria establece:

- *La velocidad del aire en la zona ocupada se mantendrá dentro de los límites de bienestar, teniendo en cuenta la actividad de las personas, su vestimenta, la temperatura del aire y la intensidad de la turbulencia.*
- *La velocidad media admisible del aire en la zona ocupada (V) se calculará teniendo en cuenta:*
  - *Si el valor de la temperatura seca (t) del aire se encuentra entre los 20 °C a 27 °C, se calculará con las siguientes ecuaciones:*
  - *Con difusión por mezcla, intensidad de turbulencia del 40 % y PPD por corrientes de aire del 15 %:*

$$V = temp/100 - 0{,}07 \text{ m/s}$$

  - *Con difusión por desplazamiento, intensidad de turbulencia del 15 % y PPD por corrientes de aire menor del 10 %:*

$$V = temp/100 - 0{,}10 \text{ m/s}$$

Aplicación práctica

¿Qué temperatura y humedad relativa deben existir en un local si se pretende un porcentaje de personas satisfechas (PPD) del 12 % y su temperatura seca se establece en 23 °C? ¿Cuál será la velocidad media del aire impulsado?

Continúa en página siguiente >>

<< Viene de página anterior

SOLUCIÓN

Suponiendo una actividad metabólica de 1,2 MET para los ocupantes del local, un grado de vestimenta de 0,5/1 clo en verano/invierno para un PPD del 12 %, se pueden emplear los datos expuestos en la tabla 9 de temperatura operativa y humedad relativa:

Estación	Temperatura operativa	Humedad relativa
Verano	Entre 23 y 25 °C	Entre 45 y 60 %
Invierno	Entre 21 y 23 °C	Entre 40 y 50 %

Para calcular la velocidad media del aire, puesto que la temperatura seca del local está entre 20 y 27 °C, se pueden usar difusores por mezcla o por desplazamiento:

Difusores por mezcla con turbulencias del 40 % y PPD por corrientes de aire del 15 %:

$$V = temp/100 - 0{,}07 \text{ m/s}$$
$$V = 23/100 - 0{,}07 \text{ m/s}$$
$$V = 0{,}16 \text{ m/s}$$

Difusores por desplazamiento con turbulencia del 15 % y PPD por corrientes de aire menor del 10 %:

$$V = temp/100 - 0{,}10 \text{ m/s}$$
$$V = 23/100 - 0{,}10 \text{ m/s}$$
$$V = 0{,}13 \text{ m/s}$$

11. Calidad e higiene del aire interior

Una instalación de climatización no debe exclusivamente garantizar las condiciones termohigrométricas establecidas, sino que también debe asegurar que el aire sea lo más puro posible, sin olores ni partículas en él, motivo por el cual los sistemas de ventilación y climatización deben complementarse.

Para tratar de garantizar estas condiciones, se emplean sensores que miden la calidad del aire. Destacan por encima de todos ellos los encargados de medir el CO_2 o el COV.

Para regular la calidad del aire en los edificios de viviendas, en los locales habitables de estas, en los almacenes de residuos, en los trasteros, en los aparcamientos y en los garajes, el RITE desarrolla la IT 1.1.4.2, sobre la exigencia de la calidad del aire interior, dentro de la cual se establecen las distintas categorías de calidad del aire interior atendiendo al uso de los edificios, dependiendo de si son genéricos o están destinados a viviendas.

11.1. Calidad del aire en edificios – IDA

Se establecen estas exigencias de calidad del aire interior aplicables a los edificios en general (exceptuando las que se recogen en el Código Técnico de la Edificación), en función del uso de esos edificios:

- **IDA 1 (aire de óptima calidad):** hospitales, clínicas, laboratorios y guarderías.
- **IDA 2 (aire de buena calidad):** oficinas, residencias, zonas comunes de hoteles y similares, salas de lectura, museos, salas de tribunales, aulas de enseñanza y asimilables, y piscinas.
- **IDA 3 (aire de calidad media):** edificios comerciales, cines, teatros, salones de actos, habitaciones de hoteles y similares, restaurantes, cafeterías, bares, salas de fiestas, gimnasios, locales para el deporte (salvo piscinas) y salas de ordenadores.
- **IDA 4 (aire de calidad baja):** solo se usará en casos debidamente justificados.

Actividades

14. ¿Qué tipo de edificio puede tener una calidad de aire IDA 4?

Métodos de cálculo del caudal mínimo de aire exterior de ventilación

El RITE establece cinco métodos para calcular el caudal mínimo de aire exterior de ventilación. De los cinco métodos, tres son directos (determinando el caudal de ventilación a partir de la carga contaminante del edificio) y dos son indirectos (determinando el caudal de ventilación según la ocupación o la superficie del local).

La carga contaminante sensorial del edificio depende de la carga debida a las personas (olf/ocupante) y de la contaminación propia del edificio (olf/superficie).

Si el método directo se basa en el nivel de CO_2, es necesario conocer la producción de CO_2 de las personas que ocupan el local, para lo cual se puede utilizar la siguiente tabla:

	Tasa metabólica MET	Carga sensorial olf/ocupante	CO_2 l/h por ocupante
Sala de espera	1,0	1,0	19
Oficina	1,2	1,0	19
Sala de conferencias, auditorio	1,2	1,0	19
Cafetería, restaurante	1,2	1,0	19
Aula	1,2	1,3	19
Guardería*	1,4	1,2	18

Continúa en página siguiente >>

<< Viene de página anterior

	Tasa metabólica MET	Carga sensorial olf/ocupante	CO_2 l/h por ocupante
Comercio (clientes sentados)	1,4	1,0	19
Comercio (clientes de pie)	1,6	1,5	19
Grandes almacenes	1,6	1,5	19

* La tasa metabólica de los niños en un jardín de infancia es de 2,7 MET. Al ser su superficie corporal la mitad (aproximadamente), la tasa normalizada para adultos de 1,8 m² de superficie se convierte en 1,4 MET.

Relación de la carga sensorial, con la producción de CO_2 por ocupante en los edificios según la actividad de estos.

La ocupación de los edificios y los locales se realizará atendiendo al uso previsto y no en función de la ocupación máxima calculada. Para calcular esta ocupación, se puede utilizar la siguiente tabla de referencia:

Tipo de uso	m²/ocupante
Oficinas paisaje	12
Oficinas pequeñas	10
Salas de reuniones	3
Centros comerciales	4
Aulas	2,5
Salas de hospital	10
Habitaciones de hotel	10
Restaurantes	1,5

Ocupación de referencia de los locales en función del uso previsto (Tabla 12, Norma UNE-EN 13798-3)

A continuación, se describen los 5 métodos establecidos en el RITE para el cálculo del caudal de aire exterior de ventilación.

Método indirecto de caudal de aire exterior por persona

Este método se utilizará en los locales donde las personas tengan una actividad metabólica sedentaria de alrededor 1,2 MET, en las que no está permitido fumar y la mayoría de las emisiones contaminantes se deben a las personas.

Categoría	l/s por persona
IDA 1	20
IDA 2	12,5
IDA 3	8
IDA 4	5

Caudal de aire exterior (Tabla 1.4.2.1. del RITE)

En aquellos locales en los que esté permitido fumar, los caudales de aire exterior de la tabla 12 se deben duplicar.

Aplicación práctica

¿Qué ventilación le corresponde a un edificio de oficinas de 300 m^2 en el que trabajan 30 personas mediante el uso del método indirecto?

SOLUCIÓN

De acuerdo con el método indirecto, por persona para el caudal de aire exterior IDA 2 resulta:

$$Q_{Ventilación} = personas \times l/S_{persona}$$
$$Q_{Ventilación} = 30 \times 12,5$$
$$Q_{Ventilación} = 375 \text{ l/s} = 1.350 \text{ m}^3/\text{h}$$

Método directo por calidad del aire percibido

Se trata de un método olfativo, de difícil aplicación, descrito en la norma UNE-EN 16798-3:2018 (Eficiencia energética de los edificios. Ventilación de los edificios. Parte 3: Para edificios no residenciales. Requisitos de eficiencia para los sistemas de ventilación y climatización [Módulos M 5-1, M 5-4]).

El caudal de ventilación requerido para el bienestar se calcula mediante la siguiente ecuación:

$$Q_c = 10 \times G_c / (C_{(c,i)} - C_{(c,o)}) \times 1/\varepsilon_v$$

Los elementos que hay que tener en cuenta en la ecuación anterior son:

- Q_c corresponde al caudal de ventilación.
- G_c es la carga contaminante sensorial (se mide en olf).
- $C_{c,i}$ es la calidad del aire interior percibida (se mide en decipols).
- $C_{c,o}$ es la calidad del aire exterior percibida en la entrada del aire (se mide en decipols).
- ε_v es la efectividad de la ventilación.

Los valores correspondientes a la calidad del aire interior percibida deseada en decipol ($G_{c,i}$) se especifican en la tabla 1.4.2.2. del RITE y corresponden con los siguientes:

Categoría	dp
IDA 1	0,8
IDA 2	1,2
IDA 3	2,0
IDA 4	3,0

Tabla 13: Calidad del aire percibido expresado en decipols

El valor de $C_{c,o}$ se suele considerar cero.

La carga contaminante sensorial G_c (medida en olf) se calcula dependiendo de los ocupantes y de la actividad que realizan, para lo cual se puede apoyar en la tabla 10, en la que se relaciona la carga sensorial con la producción de CO_2 por ocupante en los edificios según su actividad.

La efectividad de la ventilación ε_v depende de la posición de las rejillas de impulsión y retorno, así como de la temperatura del aire impulsado.

Aplicación práctica

¿Qué ventilación le corresponde a un edificio de oficinas de 300 m² en el que trabajan 30 personas mediante el uso del método directo por calidad del aire percibido?

SOLUCIÓN

Carga contaminante sensorial (1 olf por ocupante y 0,1 por m²)

$$G_c = (\text{carga ocupante x n.º personas}) + (\text{carga por m}^2 \text{ x superficie})$$

$$G_c = (1 \times 30) + (0{,}1 \times 300)$$

$$G_c = 60 \text{ olf}$$

$C_{c,i}$ es la calidad deseada del aire interior percibida-

Calidad deseada IDA 2 – Edificio de oficinas, valor 1,2 dp

$C_{c,o}$ es la calidad del aire exterior percibida en la entrada del aire.

Se considera 0 dp.

ε_v se considera una efectividad de la ventilación del 0,9.

Se considera $C_{c,o}$.

Continúa en página siguiente >>

<< Viene de página anterior

El caudal de ventilación requerido para el bienestar resulta:

$$Q_c = 10 \times G_c/(C_{(c,i)} - C_{(c,o)}) \times 1/\varepsilon_v$$
$$Q_c = 10 \times 60/(1,2 - 0) \times 1/0,9$$
$$Q_c = 555 \text{ l/s} = 1.998 \text{ m}^3\text{/h}$$

Recuerde

La calidad del aire interior puede definirse como el grado en el que se satisfacen las exigencias de las personas que se encuentran en el local ocupado. Al aire respirado por los ocupantes de un espacio se exige que sea fresco, en lugar de viciado, cargado o irritante, y que la respiración de este no suponga ningún riesgo para la salud.

Método directo por concentración de CO_2

Este método es adecuado para las ubicaciones en las que el principal contaminante son los bioefluentes humanos, debido a que tienen una elevada actividad metabólica.

Definición

Bioefluente

Productos procedentes del metabolismo humano (agua, aerosoles biológicos, microorganismos, partículas, etc.) que se emiten al ambiente junto con el dióxido de carbono de la respiración, y que causan malos olores, aire cargado, desagradable y poco higiénico.

El caudal de ventilación requerido se calcula mediante la siguiente expresión:

$$Q_h = G_h/(C_{(h,i)} - C_{(h,o)}) \times 1/\varepsilon_v$$

En la expresión anterior, los elementos que aparecen son:

- Q_h corresponde con el caudal de ventilación.
- G_h es la carga contaminante de CO_2 (en l/s), calculada a partir de la tabla 10.
- $C_{h,i} - C_{h,o}$ es la diferencia entre la concentración de CO_2 en el aire interior y en el exterior en partes por uno (10^{-6} ppm).
- ε_v es la efectividad de la ventilación.

Los valores correspondientes a la concentración de CO_2 en el aire interior sobre el exterior $C_{h,i} - C_{h,o}$, en función de la calidad del aire interior (IDA), se muestran en la siguiente tabla:

Categoría	Concentración en ppm por encima de la concentración
IDA 1	350
IDA 2	500

Continúa en página siguiente >>

<< Viene de página anterior

Categoría	Concentración en ppm por encima de la concentración
IDA 3	800
IDA 4	1.200

Concentración en partes por millón en volumen de CO_2 en los locales (Tabla 1.4.2.3. del RITE)

Importante

Este método no debe emplearse en los locales en cuyo interior esté permitido fumar.

Aplicación práctica

¿Qué ventilación le corresponde a un edificio de oficinas de 300 m² en el que trabajan 30 personas mediante el uso del método directo por concentración de CO_2?

SOLUCIÓN

G_h es la carga contaminante de CO_2 (en l/s), calculada a partir de la tabla 10.

La carga contaminante para una actividad metabólica de 1,2 MET (oficina) es de 19 l/h.

G_h = 30 personas x 19 l/h = 570 l/h

G_h = 570 l/hora / 3600 = 0,158 l/s

$C_{h,i} - C_{h,o}$ es la diferencia entre la concentración de CO_2 en el aire interior y en el exterior en partes por uno (10-6 ppm)

Continúa en página siguiente >>

<< Viene de página anterior

La diferencia de concentración de CO_2 exterior para IDA 2:

$C_{h,i} - C_{h,o} = 500$ ppm

ε_v es la efectividad de la ventilación, que se considera de un 90 % (0,9).

$$Q_h = G_h/(C_{(h,i)} - C_{(h,o)}) \times 1/\varepsilon_v$$
$$Q_h = 0{,}158/(500 - 10^{-6}) \times 1/0{,}9$$
$$Q_h = 352 \text{ l/s} = 1.267 \text{ m}^3\text{/h}$$

Método indirecto de caudal de aire por unidad de superficie

En aquellos espacios en los que no esté prevista la ocupación humana permanente se deben aplicar los valores de la siguiente tabla.

Categoría	l/s por m²
IDA 1	No aplica
IDA 2	0,83
IDA 3	0,55
IDA 4	0,28

Caudales de aire exterior por unidad de superficie en locales no destinados a la ocupación humana permanente (Tabla 1.4.2.4. del RITE)

El caudal de aire de extracción de los locales de servicio será como mínimo de 2 l/s por m² de superficie.

Método de dilución

Siempre que en un local existan emisiones conocidas de materiales contaminantes específicos, se debe utilizar este método.

El cálculo es similar al empleado en el método directo por concentración de CO_2.

En las piscinas climatizadas, el aire exterior de ventilación necesario para la dilución de los contaminantes será de 2,5 dm^3/s por m^2 de superficie de la lámina de agua y de la playa. A este caudal se le debe añadir el que sea necesario para controlar la humedad relativa. El local debe mantenerse con una presión negativa de entre 20 a 40 Pa con respecto a los locales contiguos.

Los edificios destinados a hospitales y clínicas deberán respetar los valores establecidos en la Norma UNE 100713:2005, sobre instalaciones de acondicionamiento de aire en hospitales.

11.2. Filtración del aire exterior de ventilación

Si hay una acción importante en un sistema de ventilación es el filtrado del aire exterior antes de incorporarlo al circuito, puesto que:

- Se debe garantizar un aire interior sano, limpio, sin impurezas durante todo el tiempo que funcione el sistema de ventilación.
- Los equipos de ventilación deben funcionar eficazmente y durante todo el tiempo requerido.
- Se deben instalar sistemas de tratamiento de aire que sean energéticamente sostenibles.

Para calcular el método más adecuado para el filtrado de aire exterior, el RITE en su IT 1.1.4.2.4 establece el método prescriptivo. No es este único, puesto que la Norma UNE-EN 16798-3:2018 (Eficiencia energética de los edificios. Ventilación de los edificios. Parte 3: Para edificios no residenciales. Requisitos de eficiencia para los sistemas de ventilación y climatización [Módulos M 5-1, M 5-4]) recoge el método prestacional. Ambos métodos se analizarán a continuación.

Método prescriptivo (IT 1.1.4.2.4)

Los filtros y prefiltros necesarios que se deben instalar en el sistema de ventilación dependerán de la calidad del aire interior requerida y de la calidad del aire exterior (ODA).

La calidad del aire exterior se clasifica en cinco niveles. Sus características son las siguientes:

Categoría	Descripción
ODA 1	Aire puro que puede contener partículas sólidas de forma temporal
ODA 2	Aire con altas concentraciones de partículas
ODA 3	Aire con altas concentraciones de contaminantes gaseosos
ODA 4	Aire con altas concentraciones de contaminantes gaseosos y partículas
ODA 5	Aire con muy altas concentraciones de contaminantes gaseosos y partículas.

Categorías de calidad del aire exterior (ODA) (IT 1.1.4.2.4. del RITE)

La norma UNE-EN 16798-3:2018 (Ventilación de los edificios no residenciales. Requisitos de prestaciones de sistemas de ventilación y acondicionamiento de recintos) define el aire puro cuando se cumple la normativa nacional o internacional sobre la calidad del aire, mientras que se considera una concentración alta si se exceden 1,5 veces el límite máximo; si se superan estos valores, la concentración pasa a ser muy alta.

Esta normativa no distingue entre concentraciones de partículas y contaminantes gaseosos, por lo que establece que:

Categoría	Descripción
ODA 1	Ningún valor excede los límites establecidos.
ODA 2	Algún parámetro excede los límites, alcanzando un valor máximo de 1,5 veces el valor límite.

Continúa en página siguiente >>

<< Viene de página anterior

Categoría	Descripción
ODA 3	Se sobrepasan los límites del parámetro por encima de 1,5 veces su valor límite.

Clasificación de las categorías según la Norma UNE-EN 13.779:2008

Los prefiltros se deben instalar en la entrada de aire exterior a la unidad de tratamiento y en la entrada del aire de expulsión si la instalación utiliza un recuperador de calor.

Las clases de filtración mínimas que deben respetarse en los prefiltros y en los filtros, atendiendo al RITE, son las siguientes:

	Prefiltros / Filtros			
	IDA 1	**IDA 2**	**IDA 3**	**IDA 4**
ODA 1	F7 / F9	F6 / F8	F6 / F7	G4 / F6
ODA 2	F7 / F9	F6 / F8	F6 / F7	G4 / F6
ODA 3	F7 / F9	F6 / F8	F6 / F7	G4 / F6
ODA 4	F7 / F9	F6 / F8	F6 / F7	G4 / F6
ODA 5	F6/GF (*) / F9	F6/GF (*) / F9	F6 / F7	G4 / F6

(*) Se deberá prever la instalación de un filtro de gas o un filtro químico (GF) situado entre las dos etapas de filtración. El conjunto de filtración F6/GF/F9 se pondrá, preferentemente, en una unidad de pretratamiento de aire (UPA).

Clases de filtración (Tabla 1.4.2.5 del RITE)

Si se analiza la tabla anterior se puede comprobar que para calidades de aire exterior ODA 1 a ODA 4 las exigencias de filtrado dependen exclusivamente de la calidad de aire interior deseada.

Importante

Las calidades de filtrado establecidas por el RITE son superiores a las establecidas por la norma UNE-EN 16798-3:2018 (Ventilación de los edificios no residenciales. Requisitos de prestaciones de sistemas de ventilación y acondicionamiento de recintos).

Ejemplo de UTA con prefiltro y filtro instalados y ventilador en acoplamiento directo

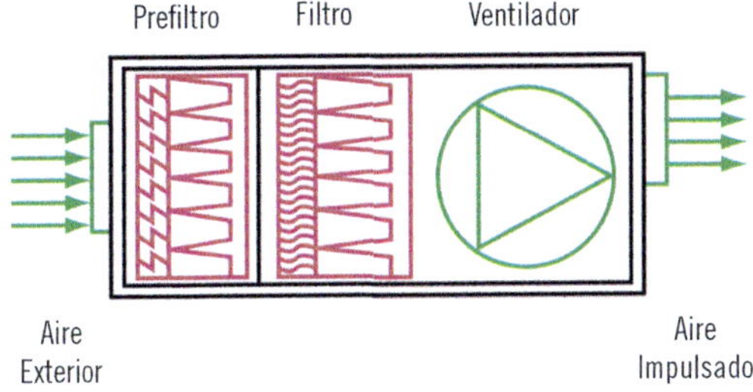

Método prestacional (UNE-EN 16798-3:2018)

El RITE establece que, en los aspectos referentes a la filtración de aire, es válido lo establecido por la Norma UNE-EN 13779. A continuación, se muestran las clases de filtrado mínimas y recomendadas en la Norma UNE-EN 16798-3:2018.

	Prefiltros/Filtros			
	IDA 1	**IDA 2**	**IDA 3**	**IDA 4**
ODA 1	__ / F7	__ / F7	__ / F7	__ / F6
ODA 2	F5 / F7	F5 / F7	__ / F7	__ / F6
ODA 3	F5 / F7	__ / F7	__ / F7	__ / F6
ODA 4	F5 / F7	F5 / F7	__ / F7	__ / F6

Continúa en página siguiente >>

<< Viene de página anterior

	Prefiltros/Filtros			
	IDA 1	IDA 2	IDA 3	IDA 4
ODA 5	F6/GF (*) / F9	F6/GF (*) / F9	F6 / F7	G4 / F6

(*) Se deberá prever la instalación de un filtro de gas o un filtro químico (GF) situado entre las dos etapas de filtración. El conjunto de filtración F6/GF/F9 se pondrá, preferentemente, en una unidad de pretratamiento de aire (UPA).
(**) Los sistemas de recuperación de calor deberían protegerse siempre con un filtro de clase F6 o superior.

*Clases de filtración **mínima** (Anexo A de la norma UNE-EN 13779:2008)*

	Prefiltros / Filtros			
	IDA 1	IDA 2	IDA 3	IDA 4
ODA 1	__ / F9	__ / F8	__ / F7	__ / F6
ODA 2	F7 / F9	F6 / F8	F6 / F7	G4 / F6
ODA 3	F7 / F9	__ / F8	__ / F7	__ / F6
ODA 4	F7 / F9	F6 / F8	F6 / F7	G4 / F6
ODA 5	F6/GF (*) / F9	F6/GF (*) / F9	F6 / F7	G4 / F6

(*) Se deberá prever la instalación de un filtro de gas o un filtro químico (GF) situado entre las dos etapas de filtración. El conjunto de filtración F6/GF/F9 se pondrá, preferentemente, en una unidad de pretratamiento de aire (UPA).

*Tabla 20: Clases de filtración **recomendada** (Anexo A.1. de la norma UNE-EN 13779:2008)*

Para proteger los equipos se recomienda instalar un prefiltro antes de la unidad de ventilación, lo que permitirá:

- Reducir el polvo en la entrada de la unidad de ventilación.
- Aumentar el tiempo de vida del filtro final.
- Reducir el consumo energético del ventilador.
- Evitar ruidos en la unidad de ventilación.
- Mejorar la estabilidad en el caudal de la unidad de ventilación.
- Reducir el espacio destinado al equipo al necesitar unidades de menor tamaño y más eficientes.

Aplicación práctica

Le han avisado de que la calidad del aire de una oficina no es adecuada, puesto que el ambiente se carga al poco tiempo de comenzar a trabajar en ella. ¿Podría determinar los filtros de ventilación que se deberían instalar en esta oficina (IDA 2) ocupada por 25 personas y cuya calidad del aire corresponde con la categoría ODA 2? Intente formular como una situación ficticia.

SOLUCIÓN

Según el RITE:

	Prefiltros / Filtros			
	IDA 1	**IDA 2**	**IDA 3**	**IDA 4**
ODA 1	F7 / F9	F6 / F8	F6 / F7	G4 / F6
ODA 2	F7 / F9	F6 / F8	F6 / F7	G4 / F6
ODA 3	F7 / F9	F6 / F8	F6 / F7	G4 / F6
ODA 4	F7 / F9	F6 / F8	F6 / F7	G4 / F6
ODA 5	F6/GF (*) / F9	F6/GF (*) / F9	F6 / F7	G4 / F6

(*) Se deberá prever la instalación de un filtro de gas o un filtro químico (GF) situado entre las dos etapas de filtración. El conjunto de filtración F6/GF/F9 se pondrá, preferentemente, en una unidad de pretratamiento de aire (UPA).

Según el RITE se debería instalar un prefiltro F6 y un filtro F8.

Continúa en página siguiente >>

<< Viene de página anterior

Según la Norma UNE-EN 13779:

- Clases de filtración **mínima:**

	Prefiltros / Filtros			
	IDA 1	**IDA 2**	**IDA 3**	**IDA 4**
ODA 1	__ / F7	__ / F7	__ / F7	__ / F6
ODA 2	F5 / F7	F5 / F7	__ / F7	__ / F6
ODA 3	F5 / F7	__ / F7	__ / F7	__ / F6
ODA 4	F5 / F7	F5 / F7	__ / F7	__ / F6
ODA 5	F6/GF (*) / F9	F6/GF (*) / F9	F6 / F7	G4 / F6

(*) Se deberá prever la instalación de un filtro de gas o un filtro químico (GF) situado entre las dos etapas de filtración. El conjunto de filtración F6/GF/F9 se pondrá, preferentemente, en una unidad de pretratamiento de aire (UPA).
(**) Los sistemas de recuperación de calor deberían protegerse siempre con un filtro de clase F6 o superior.

Como mínimo un prefiltro F5 y un filtro F7

- Clases de filtración **recomendada:**

	Prefiltros / Filtros			
	IDA 1	**IDA 2**	**IDA 3**	**IDA 4**
ODA 1	__ / F9	__ / F8	__ / F7	__ / F6
ODA 2	F7 / F9	F6 / F8	F6 / F7	G4 / F6
ODA 3	F7 / F9	__ / F8	__ / F7	__ / F6
ODA 4	F7 / F9	F6 / F8	F6 / F7	G4 / F6
ODA 5	F6/GF (*) / F9	F6/GF (*) / F9	F6 / F7	G4 / F6

(*) Se deberá prever la instalación de un filtro de gas o un filtro químico (GF) situado entre las dos etapas de filtración. El conjunto de filtración F6/GF/F9 se pondrá, preferentemente, en una unidad de pretratamiento de aire (UPA).

Continúa en página siguiente >>

<< Viene de página anterior

Se recomienda instalar un prefiltro F6 y un filtro F8

En el caso de que se instalen filtros finales, estos deben ubicarse después de la sección de tratamiento. Si los locales son especialmente sensibles a la suciedad los filtros, se deben colocar después del ventilador de impulsión, procurando que la distribución del aire sea uniforme.

Sabía que...

El aire de una zona rural o una ciudad se puede considerar dentro de la categoría ODA 1. En el caso de que se detecte la presencia de partículas sólidas en exceso o gaseosas, debe valorarse un nivel superior.

11.3. Descarga y recirculación del aire extraído

La recirculación del aire extraído de un local depende del nivel de contaminación adquirido en sus usos anteriores. Por ello el RITE establece las siguientes categorías:

Categoría	Descripción
AE 1 Nivel de contaminación bajo	Aire procedente de los locales en los que las emisiones más importantes de contaminantes proceden de los materiales de construcción y decoración, además de las personas: oficinas, aulas, salas de reuniones, locales comerciales sin emisiones específicas, espacios de uso público, escaleras y pasillos, etc.

Continúa en página siguiente >>

<< Viene de página anterior

Categoría	Descripción
AE 2 Nivel de contaminación moderado	Aire procedente de los locales ocupados con más contaminantes que la categoría anterior en los que, además, no está prohibido fumar: restaurantes habitaciones de hoteles, vestuarios, bares, almacenes, etc.
AE 3 Nivel de contaminación alto	Aire procedente de los locales con producción de productos químicos, humedad, etc.; aseos, saunas, cocinas, laboratorios químicos, imprentas, etc.
AE 4 Nivel de contaminación muy alto	Aire que contiene sustancias olorosas y contaminantes perjudiciales para la salud en concentraciones mayores que las permitidas en el aire interior de la zona ocupada: extracción de campanas de humos, aparcamientos, locales para manejo de pinturas y disolventes, locales donde se guarda lencería sucia, locales de almacenamiento de residuos de comida, locales de fumadores de uso continuo, laboratorios químicos, etc.

Categorías de calidad del aire extraído de los locales (IT 1.1.4.2.5. del RITE)

Únicamente el aire de extracción de categoría AE 1 puede ser devuelto a los locales. El aire de categoría AE 2 solo puede ser devuelto si se extrae e impulsa a un único local, por ejemplo, habitaciones de hotel, restaurantes con un equipo para la zona de fumadores. El aire de categoría AE 1 o AE 2 puede ser empleado como aire de transferencia para ventilar locales de servicio, aseos y garajes. El aire de categoría AE 3 y AE 4 no se puede ni recircular ni transferir.

Esquema de la unidad de tratamiento de aire según la calidad del aire extraído

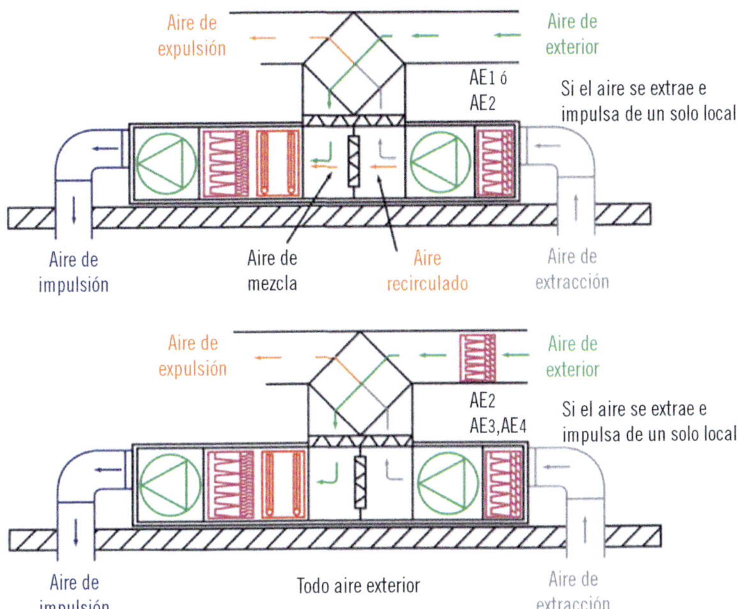

En la IT 1.1.4.3.4, que trata de las aperturas de servicio para limpieza de conductos y plénums de aire, se establece lo siguiente:

- *Las redes de conductos deben equiparse con aperturas de servicio para permitir la limpieza y desinfección de estos.*
- *Los elementos instalados en una red de conductos deben ser desmontables y tener una apertura de acceso o una sección desmontable de conducto para permitir las operaciones de mantenimiento.*
- *Los falsos techos deben tener registros de inspección en correspondencia con los registros en conductos y los aparatos situados en los mismos.*

11.4. Calidad del aire en viviendas

Si las instalaciones de climatización se llevan a cabo en viviendas, locales, almacenes o similares, se deben observar las indicaciones establecidas en el su Documento Básico DB-HS 3, sobre la calidad del aire interior, del Código

Técnico de la Edificación, en el que se establecen las condiciones que estos locales tienen que respetar con respecto a la calidad del aire.

En aquellas situaciones en las que las instalaciones de climatización se implanten en viviendas, locales, almacenes, etc., se respetará lo indicado en el documento citado en el párrafo anterior, que desarrolla las condiciones referidas a la calidad del aire interior que deberán tener estas estancias.

En el documento se establecen las siguientes características de ventilación:

	Locales secos (1) (2)			Locales húmedos (2)	
	Dormitorio principal	**Resto de dormitorios**	**Salas de estar y comedores (3)**	**Mínimo en total**	**Mínimo por local**
0 o 1 dormitorios	8	-	6	12	6
2 dormitorios	8	4	8	24	7
3 o más dormitorios	8	4	10	33	8

(1) En los locales secos de las viviendas destinados a varios usos, se considera el caudal correspondiente al uso para que resulte un caudal mayor.
(2) Cuando en un mismo local se den usos de local seco y húmedo, cada zona debe dotarse de su caudal correspondiente.
(3) Otros locales pertenecientes a la vivienda con usos similares (salas de juego, despachos, etc.).

Caudales mínimos para ventilación en ***locales habitables*** *(Tabla 2.1. del Documento Básico DB-HS 3)*

Caudales mínimos de ventilación

Habitáculo	Por ocupante	Por m² útil	Otros parámetros
Dormitorios	5 l/s		
Salas de estar y comedores	3 l/s		
Aseos y cuartos de baño			15 l/s por local
Cocinas		2 l/s	50 l/s por local

Continúa en página siguiente >>

<< Viene de página anterior

Caudales mínimos de ventilación			
Habitáculo	**Por ocupante**	**Por m² útil**	**Otros parámetros**
Trasteros y zonas comunes		0,7 l/s	
Aparcamientos y garajes			120 l/s por plaza
Almacenes de residuos		10 l/s	

*Tabla 23: Caudales de ventilación mínimos en **locales no habitables** (Tabla 2.2. del Documento Básico DB-HS 3)*

En los dormitorios simples o individuales se considerará un ocupante y en los dobles se considerarán dos. En las salas de estar y en los comedores, los ocupantes serán la suma de los ocupantes de los dormitorios de la vivienda.

En las cocinas que incorporen un sistema de cocción por combustión o que estén dotadas de calderas no estancas, el caudal anterior se debe incrementar en 8 l/s.

Las cocinas deben disponer de un sistema adicional específico de ventilación con extracción mecánica para los vapores y los contaminantes debidos a los procesos de cocción. Este sistema será el encargado de extraer los 50 l/s indicados en la columna "Otros parámetros".

Aplicación práctica

Determine el caudal mínimo que debe suministrar un sistema de ventilación de una vivienda compuesta por tres dormitorios individuales, una sala de estar para 3 ocupantes y una cocina de 15 m².

Continúa en página siguiente >>

<< Viene de página anterior

SOLUCIÓN

La primera acción que se debiera llevar a cabo es el cálculo del caudal mínimo de ventilación de cada habitáculo:

Caudales mínimos de ventilación

Habitáculo	Por ocupante	Por m² útil	Otros parámetros
Dormitorios	5 l/s		
Salas de estar y comedores	3 l/s		
Aseos y cuartos de baño			15 l/s por local
Cocinas		2 l/s	50 l/s por local
Trasteros y zonas comunes		0,7 l/s	
Aparcamientos y garajes			120 l/s por plaza
Almacenes de residuos		10 l/s	

Dormitorio

$$Q_{dormitorio} = Q_{ocupante} \text{ x n.º ocupantes}$$

$$Q_{dormitorio} = 5 \text{ l/s x 1 ocupante}$$

$$Q_{dormitorio} = 5 \text{ l/s}$$

$$\text{Como hay tres dormitorios } Q_{dormitorio} = 5 \text{ ls x } 3 = 15 \text{ l/s}$$

Sala de estar

$$Q_{sala\ estar} = Q_{ocupante} \text{ x n.º ocupantes}$$

$$Q_{sala\ estar} = 3 \text{ l/s x 3 ocupante}$$

$$Q_{sala\ estar} = 9 \text{ l/s}$$

Continúa en página siguiente >>

<< Viene de página anterior

Cocina

$$Q_{cocina} = Q_{m^2} \times m^2$$
$$Q_{cocina} = 2\ l/s \times 15\ m^2$$
$$Q_{cocina} = 30\ l/s$$

Una vez calculados los caudales mínimos de cada estancia, acordes con la ocupación, se deben sumar los diferentes valores obtenidos para obtener el caudal total de ventilación que debe suministrar el sistema de ventilación.

$$Q_{total} = Q_{dormitorios} + Q_{sala\ esar} + Q_{cocina}$$
$$Q_{total} = 15\ l/s + 9\ l/s + 30\ l/s$$
$$Q_{total} = 54\ l/s$$

Las viviendas pueden utilizar sistemas de ventilación naturales o híbridos.

Los sistemas de **ventilación natural o mecánicos** son aquellos que llevan a cabo la ventilación según las condiciones meteorológicas existentes en el exterior de la ubicación que se desea climatizar.

Los sistemas de **ventilación híbridos** utilizan sistemas de renovación del aire naturales y mecánicos. Siempre que sea posible, la instalación utilizará la ventilación natural; cuando no pueda, utilizará los ventiladores para renovar el aire automáticamente.

Los principales aspectos que se deben tener en cuenta en los **almacenes de residuos** que incorporen ventilación híbrida o natural son:

- Las aberturas de admisión deben comunicarse directamente con el exterior del habitáculo.
- Las aberturas de extracción deben conectarse con el circuito de extracción.
- Los conductos de extracción deben ser exclusivos para cada local.

En los **trasteros** que incorporen ventilación híbrida o natural se debe tener en cuenta lo siguiente:

- Si los trasteros ventilan a través de la zona común, la extracción debe situarse en dicha zona.
- Las aberturas de admisión deben comunicar directamente con el exterior y las aberturas de extracción deben conectarse al conducto de extracción.

En los **aparcamientos y garajes** que incorporen ventilación mecánica, debe tenerse en cuenta esto:

- La ventilación será utilizada exclusivamente por el aparcamiento y por los trasteros situados en el recinto de este.
- La ventilación debe realizarse por depresión, colocando un ventilador que extraiga el aire del local.
- Debe evitarse el estancamiento de los gases contaminantes.
- 2/3 de las aberturas de extracción deben ubicarse a una distancia del techo menor o igual a 0,5 m.
- En los aparcamientos con capacidad para 15 o más plazas se dispondrá en cada planta al menos de dos redes de conductos de extracción con su correspondiente ventilador de extracción.
- En los aparcamientos que excedan de cinco plazas o 100 m^2 se debe instalar un sistema de detección de CO_2 en cada una de las plantas que active automáticamente el sistema de ventilación cuando se alcance una concentración de 100 ppm o 50 ppm, si existen o no trabajadores.

Para el **resto de los edificios** se debe disponer de un sistema de ventilación que aporte el suficiente caudal de aire exterior que evite la formación de concentraciones de contaminantes que puedan ser perjudiciales para las personas.

Actividades

15. ¿Qué ventilación le corresponde a una cafetería de 250 m^2 que pude albergar a 75 personas mediante el uso del método directo por calidad del aire percibido?
16. ¿Qué caudal mínimo debe tener un sistema de ventilación de una vivienda unifamiliar compuesta por un dormitorio doble, dos individuales, una sala de estar, un comedor, dos cuartos de baño y una cocina de 20 m^2 útiles?

12. Calidad del ambiente acústico

El RITE en la IT 1.1.4.4, que trata sobre la exigencia de la calidad del ambiente acústico, establece que las instalaciones térmicas de los edificios deben cumplir lo prescrito en el Documento Básico del Código Técnico de la Edificación HR de protección frente al ruido.

En tal documento se definen los siguientes tipos de recintos:

- **Recinto:** *espacio del edificio limitado por cerramientos, particiones o cualquier otro elemento de separación.*
- **Recinto de actividad:** *recintos de los edificios de uso residencial, hospitalario o administrativo, en los que se realiza una actividad distinta a la realizada en el resto de los recintos del edificio en el que se encuentra integrado.*
  - *A partir de 80 dBA se considera un recinto ruidoso.*
  - *Todos los aparcamientos se considerarán recintos de actividad respecto a cualquier uso salvo los de las viviendas unifamiliares.*
- **Recinto de instalaciones:** *recinto que contiene los equipos de las instalaciones colectivas del edificio susceptibles de alterar las condiciones ambientales del mismo. El recinto del ascensor no se considera recinto de instalaciones a no ser que la maquinaria esté dentro del mismo.*
- **Recinto habitable:** *recinto interior destinado al uso de personas cuya densidad de ocupación y tiempo de estancia exige unas condiciones*

acústicas, térmicas y de salubridad adecuadas. Se consideran recintos habitables los siguientes:

- *Habitaciones y estancias (dormitorios, comedores, bibliotecas, salones, etc.) en edificios residenciales.*
- *Aulas, salas de conferencias, bibliotecas, despachos, en edificios de uso docente.*
- *Quirófanos, habitaciones, salas de espera, en edificios de uso sanitario u hospitalario.*
- *Oficinas, despachos; salas de reunión, en edificios de uso administrativo.*
- *Cocinas, baños, aseos, pasillos; distribuidores y escaleras, en edificios de cualquier uso.*
- *Cualquier otro con un uso asimilable a los anteriores.*

- **Recinto protegido:** *recinto habitable con mejores características acústicas. Se consideran recintos protegidos los cuatro primeros de los recintos habitables.*
- **Recinto ruidoso:** *recinto, de uso generalmente industrial, cuyas actividades producen un nivel medio de presión sonora estandarizado, ponderado A, en el interior del recinto, mayor de 80 dBA.*

Importante

Si en un recinto se combinan varios usos y uno de ellos es protegido, a los efectos del Documento Básico de Protección contra el ruido se considerará recinto protegido.

En el Documento Básico de Protección Frente al Ruido se establecen en el punto 2.3, sobre el ruido y las vibraciones de las instalaciones, las condiciones que deben tener estas. Entre estas condiciones se establece lo siguiente:

a. *Se limitarán los niveles de ruido y vibraciones que las instalaciones puedan transmitir a los recintos protegidos y habitables del edificio a través de las sujeciones o puntos de contacto de aquellas con los elementos constructivos, de tal forma que no se aumenten perceptiblemente los niveles debidos a las restantes fuentes de ruido del edificio.*
b. *El nivel de potencia acústica máximo de los equipos generadores de ruido estacionario (como los quemadores, las calderas, las bombas de impulsión, la maquinaria de los ascensores, los compresores, los grupos electrógenos, los extractores, etc.) situados en recintos de instalaciones, así como las rejillas y difusores terminales de instalaciones de aire acondicionado, será tal que se cumplan los niveles de inmisión en los recintos colindantes, expresados en el desarrollo reglamentario de la Ley 37/2003 del Ruido.*
c. *El nivel de potencia acústica máximo de los equipos situados en cubiertas y zonas exteriores anejas será tal que en el entorno del equipo y en los recintos habitables y protegidos no se superen los niveles de calidad acústica correspondientes.*

Ruido estacionario
Es un ruido cuyo nivel permanece constante.

12.1. Conducciones y equipamientos

Además de las condiciones anteriores dentro del punto 3.3, sobre ruido y vibraciones de las instalaciones, del Documento Básico HR de Protección contra el Ruido, se establecen otros aspectos relacionados con el ruido y las vibraciones de las instalaciones. Dentro de estos aspectos se regulan los que se expondrán a continuación.

Datos que deben aportar los suministradores

Los suministradores de los equipos y productos incluirán en la documentación de estos los valores de las magnitudes que caracterizan los ruidos y las vibraciones procedentes de las instalaciones de los edificios.

Condiciones de montaje de equipos generadores de ruido estacionario

Los equipos se instalarán sobre soportes antivibratorios elásticos cuando se trate de equipos pequeños y compactos o sobre una bancada de inercia cuando el equipo no posea una base propia suficientemente rígida para resistir los esfuerzos causados por su función o se necesite la alineación de sus componentes, como por ejemplo del motor y el ventilador o del motor y la bomba.

Amortiguador antivibratorio silentblock

En el caso de equipos instalados sobre una bancada de inercia, como las bombas de impulsión, la bancada será de hormigón o acero, de tal forma que tenga la suficiente masa e inercia para evitar el paso de vibraciones al edificio. Entre la bancada y la estructura del edificio deben interponerse elementos antivibratorios.

Se instalarán conectores flexibles a la entrada y a la salida de las tuberías de los equipos.

Bancada de inercia

Conducciones hidráulicas

Las conducciones colectivas del edificio deben protegerse para no provocar molestias en los recintos habitables o protegidos adyacentes.

Para el paso de las tuberías a través de los elementos constructivos, se utilizarán sistemas antivibratorios.

La velocidad de circulación del agua se limitará a 1 m/s en las tuberías de calefacción y los radiadores de las viviendas.

Se evitará el uso de cisternas elevadas de descarga a través de tuberías y grifos de llenado de cisternas con descarga al aire.

Las bañeras y los platos de ducha deben montarse interponiendo elementos elásticos en todos sus apoyos con la estructura del edificio.

No deben apoyarse los radiadores en el pavimento y deben fijarse a la pared simultáneamente, excepto que la pared se apoye en el suelo flotante.

Conducciones de aire acondicionado

Los conductos de aire acondicionado deben ser absorbentes acústicos cuando la instalación lo requiera y deben utilizarse silenciadores específicos.

Se evitará el paso de las vibraciones de los conductos a los elementos constructivos mediante sistemas antivibratorios, tales como abrazaderas, manguitos y suspensiones elásticas.

Conducciones de ventilación

Los conductos de extracción que discurran dentro de una unidad de uso deben revestirse con elementos constructivos cuyo índice global de reducción acústica, ponderado A, R A, sea al menos 33 dBA; salvo que sean de extracción de humos en los garajes, en cuyo caso deben revestirse con elementos constructivos cuyo índice global de reducción acústica, ponderado A, R A, sea al menos de 45 dBA.

Actividades

17. Investigue acerca de otros métodos de reducción de ruido y vibraciones de los equipos distintos a los mostrados en el apartado anterior.

13. Resumen

El RITE, entre otros aspectos, regula los requisitos que deben cumplir los equipos generadores de frío y calor, para lo cual se deben indicar los coeficientes EER (sistemas de refrigeración) y COP (sistemas de calefacción) individuales de cada equipo.

El coeficiente de eficiencia energética (EER) es la relación existente entre la capacidad frigorífica del equipo y el consumo de energía empleada para obtenerla. El coeficiente de rendimiento (COP) es la relación entre la capacidad calorífica y el consumo de energía utilizada para obtenerla.

Atendiendo a los índices de eficiencia energética y al de rendimiento, se definen las clases de eficiencia energética: A, B, C, D, E y F.

Es obligatorio que las instalaciones de climatización dispongan de dispositivos de regulación y control eficientes que garanticen el correcto funcionamiento de todos los elementos que integran la instalación.

Si en el sistema de climatización existe más de un generador, se podrán conectar en serie o en paralelo.

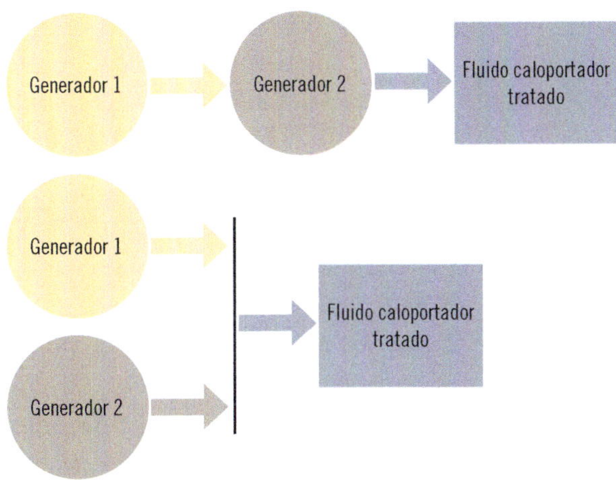

Las instalaciones de climatización se diseñan para satisfacer las demandas del usuario que ocupa una estancia para tratar de conseguir que alcance el confort deseado, lo que provoca que no presenten restricciones, puesto que cada usuario puede requerir unas condiciones de confortabilidad diferentes, lo que obliga a controlar el consumo para garantizar que el coste económico y la eficiencia de la instalación se adecúen a las demandas del usuario.

Los locales que presentan una altura importante se enfrentan a la aparición de la estratificación, que debe estudiarse y favorecer durante los períodos de refrigeración y combatir durante los períodos de calefacción.

Para asegurar la calidad térmica del ambiente, debe analizarse la temperatura operativa, la humedad relativa, la velocidad media del aire y otras condiciones de bienestar que intervengan en el confort deseado.

El filtrado de aire que se suministra a un sistema de ventilación ofrece las siguientes ventajas:

- Garantiza un aire interior sano, limpio, sin impurezas durante todo el tiempo que funcione el sistema de ventilación.
- Asegura un funcionamiento eficaz de los equipos de ventilación durante todo el tiempo que se requiera.
- Los sistemas de tratamiento de aire serán energéticamente sostenibles.

Para proteger los equipos y mejorar la calidad del aire suministrado a la estancia por el equipo de ventilación, se recomienda instalar un prefiltro antes de la unidad de ventilación, lo que permitirá:

- Reducir el polvo en la entrada de la unidad de ventilación
- Aumentar el tiempo de vida del filtro final.
- Reducir el consumo energético del ventilador.
- Evitar ruidos en la unidad de ventilación.
- Mejorar la estabilidad en el caudal de la unidad de ventilación.
- Reducir el espacio necesario para el equipo al necesitar unidades de menor tamaño y más eficientes.

Las redes de conductos deben equiparse con aperturas de servicio para realizar las operaciones de limpieza y desinfección. Además los conductos y falsos techos han de ser desmontables o incorporar registros que permitan llevar a cabo las tareas de mantenimiento.

Ejercicios de repaso y autoevaluación

1. **Indique si las siguientes afirmaciones son verdaderas o falsas:**

   a. El diseño eficiente de las instalaciones ayuda a mejorar la eficiencia energética en la instalación y en el entorno.

      - ☐ Falso
      - ☐ Verdadero

   b. Para lograr un sistema eficiente energéticamente se debe evaluar exclusivamente la instalación.

      - ☐ Falso
      - ☐ Verdadero

   c. La eficiencia energética únicamente se aplica en la generación de calor y no en la de frío.

      - ☐ Falso
      - ☐ Verdadero

2. **Enumere los criterios generales que deben cumplir los sistemas de producción de calor y frío según el RITE.**

   ____
   ____
   ____
   ____
   ____
   ____
   ____

3. **¿Quién es el responsable de proporcionar los valores máximos y mínimos de los coeficientes de eficiencia energética y rendimiento?**

   a. El instalador del equipo
   b. El vendedor del equipo
   c. El fabricante del equipo
   d. El diseñador de la instalación

4. **El sistema de conductos...**

   a. ... tiene su propia normativa.
   b. ... establece las pérdidas según la forma de estos.
   c. ... depende del fluido que transporte.
   d. Todas las opciones son correctas.

5. **Complete la siguiente afirmación**

   El ____________ de las ____________ debe ser lo más ____________ y ____________ posible, atendiendo a las ____________ específicas del ____________ transportado.

6. **Enumere las condiciones que deben cumplir los sistemas de control de la climatización.**

   ____
   ____
   ____
   ____
   ____
   ____
   ____

7. **¿Qué categoría termohigrométrica corresponde con un sistema que ventila (si el fluido caloportador es el aire) y calefacta (si el fluido caloportador es agua)?**

   a. THM-C 4
   b. THM-C 3
   c. THM-C 2
   d. THM-C 1

8. Enumere las ventajas que presenta la contabilización de consumos:

____

____

____

____

9. ¿A partir de qué potencia nominal debe un sistema incorporar contadores independientes para la climatización y el combustible?

a. 30 kW
b. 40 kW
c. 50 kW
d. 70 kW

10. El proceso por el cual el aire caliente, al ser más ligero que el frío, se acumula en la parte superior de la estancia es:

a. La zonificación.
b. La termografía.
c. La estratificación.
d. La ventilación.

11. Cumplimente la siguiente tabla atendiendo a las condiciones interiores de diseño

Estación	Temperatura operativa	Humedad relativa
Verano		
Invierno		

12. ¿Cuántos métodos de cálculo del caudal mínimo de aire exterior de ventilación establece el RITE?

a. Tres métodos directos
b. Cinco métodos
c. Dos métodos indirectos
d. Las opciones a y c son correctas.

13. Defina el concepto *bioefluente*.

14. Enumere y explique los motivos por los que se debe filtrar el aire exterior de ventilación antes de incorporarlo al sistema.

15. Enumere tres motivos por los que se deben instalar un prefiltro antes de la unidad de ventilación.

Capítulo 7

Rendimiento y eficiencia energética de los elementos de las instalaciones de climatización

Contenido

1. Introducción

Para conocer el correcto funcionamiento de las instalaciones de climatización es necesario evaluar de forma constante el rendimiento y la eficiencia de esta, sin perder de vista las revisiones obligatorias a las que se deben enfrentar los elementos que la integran de forma regular, que se establecen por la legislación y normativa vigente.

Esta misma legislación, además de establecer los plazos y trabajos que se deben realizar periódicamente sobre los equipos para comprobar que su funcionamiento es adecuado, exigen que se lleve a cabo un registro de consumos, que, junto con las inspecciones, tratarán de prevenir los posibles funcionamientos anómalos del sistema de climatización.

La aplicación de la eficiencia energética en todas las fases por las que atraviesa una instalación de climatización (diseño, ejecución y mantenimiento) permite ahorrar en costes y alargar la vida útil de la propia instalación.

2. Aparatos de medida

El RITE, en su instrucción técnica IT 1.3.4.4.5, que trata sobre medición, establece que todas las instalaciones térmicas deben disponer los equipos de medida que permitan la supervisión de las magnitudes relevantes en el funcionamiento del sistema.

Además, también se indica que en aquellas instalaciones cuya potencia térmica sea superior a los 70 kW se deben incorporar los siguientes elementos:

- **Colectores de impulsión y retorno:** termómetro.
- **Vasos de expansión:** manómetro.
- **Circuitos secundarios de tuberías:** un termómetro en cada circuito.
- **Bombas:** un manómetro en cada bomba para medir la diferencia de presión entre la aspiración y la descarga.
- **Intercambiadores de calor:** manómetros y termómetros en la entrada y en la salida.
- **Baterías agua-aire:** un termómetro a la entrada y otro a la salida.

- **Recuperadores de calor aire-aire:** caudalímetro de aire del circuito.
- **Unidades de tratamiento de aire:** termómetros para medir permanentemente la temperatura del aire de impulsión, el de retorno y la temperatura externa.

Instalación de contador de agua caliente sanitaria (ACS)

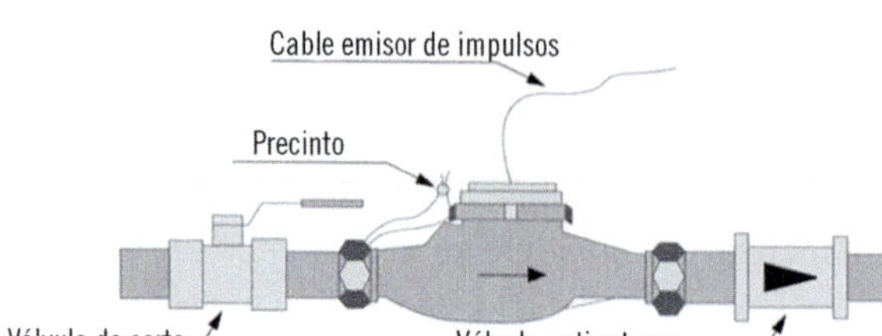

En las instalaciones que no dispongan de los elementos de medida y control enunciados anteriormente, los técnicos encargados de la revisión y mantenimiento de la instalación deben disponer como mínimo de los siguientes instrumentos de medición:

- **Termopar con sonda de contacto:** para medir la temperatura del fluido en circulación. Es necesario el contacto entre ambos elementos. Deben tener una precisión mínima de 0,50 °C y un margen de error máximo admisible del 2 %.
- **Termómetro:** para medir la temperatura. Los más utilizados son los termómetros de columna de mercurio. Es importante asegurarse que la escala está dentro del rango de temperaturas que medir. Deben tener una precisión mínima de 0,50 °C y un margen de error máximo admisible del 2 %.
- **Manómetro:** equipo para medir la presión del fluido, en este caso el agua. Se pueden encontrar manómetros de líquidos y de gases. Su precisión mínima es de 0,5 bar y un margen de error máximo admisible de un 2 %.
- **Puente de manómetros frigoríficos:** utilizados para obtener datos de dos presiones diferentes y relacionarlas (baja presión y alta presión).
- **Pinza amperimétrica:** equipo de medida de la intensidad que atraviesa el circuito que utiliza la medida indirecta del campo magnético para conocer la intensidad que circula por el circuito.

- **Anemómetro rotativo:** sirve para conocer la velocidad del aire, mediante el movimiento de las cazoletas que incorpora. Debe tener una precisión de 0,5 m^3/s y un error máximo admisible de un 1 %.
- **Termoanemómetro:** equipo con capacidad de medida de la temperatura y la velocidad del aire. Su precisión mínima debe ser de 0,50 ºC en mediciones de temperatura y de 0,01 m/s en mediciones de velocidad, con un margen de error máximo admisible del 2 %.
- **Termohigrómetro:** equipo utilizado para medir la humedad y la temperatura del aire.
- **Tubo de Pitot:** equipo encargado de medir la presión de estancamiento (suma de las presiones estática y dinámica). Precisión mínima de 5 Pa y margen de error máximo admisible del 5 %.
- **Psicrómetro:** equipo que mide directamente las temperaturas seca y húmeda del aire. La diferencia entre ambas temperaturas es lo que se denomina humedad relativa del aire. Debe presentar una precisión mínima de 0,5 ºC y un margen de error máximo admisible del 5 %.
- **Caudalímetro de agua:** equipo para medir el caudal de agua que circula a través de una tubería. Precisión de 0,5 m^3/s y un error máximo admisible de un 1 %.
- **Pinza voltamperimétrica, vatímetro o polímetro:** capaces de medir la intensidad. Su precisión mínima debe ser de 0,5 V o 0,5 A y un error máximo admisible de un 1 % para ambas magnitudes.
- **Óhmetro o Megger:** con una precisión de 0,5 Ohm a 1.000 V y un error máximo admisible de un 2 %.

Instalación de contador de energía térmica

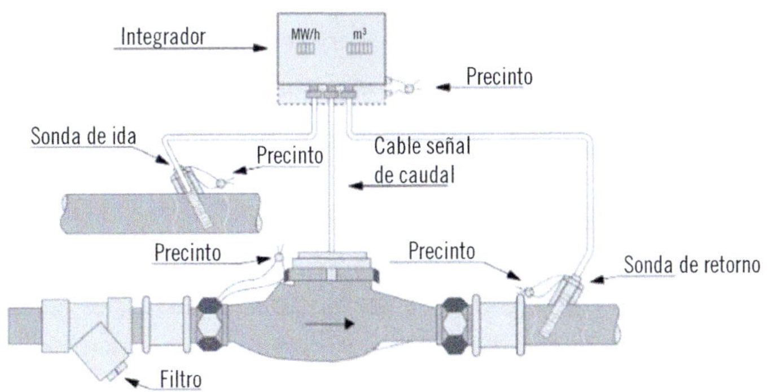

Actividades

1. Realice un listado con las instalaciones que no están obligadas a colocar aparatos fijos de medida que establece el RITE.
2. Analice la influencia que tienen la precisión y el grado de error de los equipos de medida.

Sabía que...

Los coches de Fórmula 1, cuando realizan pruebas de aerodinámica, llevan instalado un tubo de Pitot.

3. Mediciones energéticas

Para tratar de garantizar que el funcionamiento de las instalaciones es correcto, es necesario registrar los distintos datos de funcionamiento, por lo que de forma periódica habrá que cumplimentar la hoja de datos en la que se recojan las magnitudes y parámetros indicados.

Las medidas de los parámetros se suelen realizar en distintos momentos de funcionamiento del sistema, comparándose estos con los indicados por el fabricante en un modo de funcionamiento normal, de forma que con el paso del tiempo se puedan detectar las desviaciones que se han producido y conocer el motivo de la avería.

Con el objetivo de garantizar que los datos obtenidos en las mediciones sean coherentes y la integridad de las medidas tomadas, es recomendable utilizar formularios o fichas de registro de datos, independientes para cada una de las máquinas que integran el sistema.

Es recomendable efectuar tres medidas de los datos de funcionamiento en condiciones estables. Entre estas medidas siempre se producirán variaciones en los valores obtenidos, por lo que se recomienda trabajar con los valores medios. Habitualmente las fichas incluyen tres columnas para cada una de las tomas de datos actuales, además de la correspondiente a los datos de condiciones nominales (de diseño), que se usarán para comparar los datos iniciales de la instalación con los obtenidos en el momento de la medición y poder así determinar desviaciones, o tendencias, en periodos de tiempo definidos o entre inspecciones.

FORMULARIO PARA TOMA DE DATOS DE FUNCIONAMIENTO DE EQUIPOS AUTÓNOMOS DE TRATAMIENTO DE AIRE EN RÉGIMEN DE REFRIGERACIÓN

Identificación de la instalación: .... Dirección: ....

Equipo nº.- .... Nº de serie: .... Año de fabricación: ....

Marca: .... Modelo: .... Fecha de puesta en marcha: ....

Fluido Frigorígeno: ....

TOMAS DE DATOS

Intercambiador interior (Evaporador)	**Nominal**	**1.ª Actual**	**2.ª Actual**	**3.ª Actual**
Temperatura de entrada de aire (bulbo seco)	°C	°C	°C	°C
Temperatura de salida de aire (bulbo seco)	°C	°C	°C	°C
Temperatura entrada de aire (bulbo húmedo)	°C	°C	°C	°C
Temperatura salida de aire (bulbo húmedo)	°C	°C	°C	°C
Caída de presión del aire	Pa	Pa	Pa	Pa
Caudal de aire	m^3/s	m^3/s	m^3/s	m^3/s
Temperatura de saturación del refrigerante *	°C	°C	°C	°C
Temperatura de aspiración **	°C	°C	°C	°C
Presión de evaporación (manométrica) *	Bar	Bar	Bar	Bar
Recalentamiento calculado	°C	°C	°C	°C
Calor sensible transferido	kW	kW	kW	kW
Calor latente transferido	kW	kW	kW	kW
Potencia térmica total transferida	kW	kW	kW	kW

Continúa en página siguiente >>

<< Viene de página anterior

TOMAS DE DATOS				
Intercambiador exterior (Condensador)	**Nominal**	**1.ª Actual**	**2.ª Actual**	**3.ª Actual**
Temperatura de ambiente exterior (bulbo seco)	°C	°C	°C	°C
Temperatura de ambiente exterior (bulbo húmedo)	°C	°C	°C	°C
Temperatura de entrada de agua/aire (bulbo seco)	°C	°C	°C	°C
Temperatura de salida de agua/aire (bulbo seco)	°C	°C	°C	°C
Caída de presión del agua/aire	KPa/Pa	KPa/Pa	KPa/Pa	KPa/Pa
Caudal de agua/aire	L/s/m^3/s	L/s/m^3/s	L/s/m^3/s	L/s/m^3/s
Temperatura de saturación del refrigerante *	°C	°C	°C	°C
Temperatura de descarga del compresor **	°C	°C	°C	°C
Temperatura del refrigerante líquido **	°C	°C	°C	°C
Presión de condensación (manométrica) *	Bar	Bar	Bar	Bar
Subenfriamiento calculado	°C	°C	°C	°C
Potencia térmica transferida	kW	kW	kW	kW

TOMAS DE DATOS				
Recuperador de agua caliente	**Nominal**	**1.ª Actual**	**2.ª Actual**	**3.ª Actual**
Temperatura de entrada del agua	°C	°C	°C	°C
Temperatura de salida del agua	°C	°C	°C	°C
Caída de presión del agua	KPa	KPa	KPa	KPa
Caudal de agua	L/s	L/s	L/s	L/s
Temperatura de descarga del compresor **	°C	°C	°C	°C
Temperatura de saturación de condensación *	°C	°C	°C	°C
Presión de condensación (manométrica) *	Bar	Bar	Bar	Bar
Potencia térmica recuperada	kW	kW	kW	kW

Continúa en página siguiente >>

<< Viene de página anterior

TOMAS DE DATOS				
Datos eléctricos	**Nominal**	**1.ª Actual**	**2.ª Actual**	**3.ª Actual**
Tensión suministro eléctrico entre fases	.../.../...V	.../.../...V	.../.../...V	.../.../...V
Consumo eléctrico compresores (tres fases)	.../.../...A	.../.../...A	.../.../...A	.../.../...A
Desequilibrio de consumos entre fases	KPa	KPa	KPa	KPa
Consumo eléctrico motor(es) ventilador(es)	.../.../...A	.../.../...A	.../.../...A	.../.../...A
Consumo de la(s) bomba(s) de aceite	.../.../...A	.../.../...A	.../.../...A	.../.../...A
Consumo eléctrico bombas drenaje condensados	.../.../...A	.../.../...A	.../.../...A	.../.../...A
Consumo eléctrico resistencias de calefacción	.../.../...A	.../.../...A	..../.../...A	.../.../...A
Potencia eléctrica total absorbida	kW	kW	kW	kW
Potencia térmica total absorbida	kW	kW	kW	kW
CEEV/Rendimiento lado evaporador	-	-	-	-
CEEC/Rendimiento lado condensador	-	-	-	-
Fecha y hora de las tomas de datos	Dd/mm/aa/hh	Dd/mm/aa/hh	Dd/mm/aa/hh	Dd/mm/aa/hh
Nombre del técnico que toma los datos	Dd/mm/aa/hh	Dd/mm/aa/hh	Dd/mm/aa/hh	Dd/mm/aa/hh

Formulario para la toma de datos de funcionamiento de equipos autónomos de tratamiento de aire en régimen de refrigeración

4. Rendimiento de generadores de frío

El objetivo primordial de la eficiencia energética es conseguir un ahorro energético, que depende directamente del funcionamiento de la instalación y del rendimiento de los equipos.

Para calcular el rendimiento de una instalación de climatización en funcionamiento, se debe tener en cuenta que, en el momento de realizar las lecturas de los parámetros, la propia instalación se ve influenciada por los agentes externos a ella, entre los que destacan:

- Variación de las condiciones del ambiente externo y que son ajenas a la instalación
- Variación de las ganancias y pérdidas de calor del edificio

- Variación de las ganancias y pérdidas de calor en la propia instalación
- Degradación de los componentes debido al uso y que reducen el rendimiento del sistema
- Equipos de medida incorrectos o imprecisos
- La ocupación del edificio, que puede perturbar el confort del local climatizado

Como se puede comprobar, es muy difícil que la instalación de climatización funcione siempre con los mismos parámetros externos, lo que obliga a utilizar procedimientos de aproximación, en los que se contemplan márgenes de error de los propios equipos de medida y de las condiciones en las que se lleve a cabo la medición.

4.1. Cálculo del rendimiento: método directo e indirecto

A continuación, se describen dos métodos, uno directo y otro indirecto, para llevar a cabo el rendimiento de las instalaciones, y que son los utilizados habitualmente por los profesionales del sector.

Método directo

El método directo se basa en el cálculo del rendimiento de acuerdo con el fluido de refrigeración utilizado. Para ello se utilizan las siguientes expresiones:

$$CEE_v = W_{evp}/P_{abs}$$

- CEE_v: coeficiente de eficiencia energética en modo frigorífico
- W_{evp}: potencia absorbida por el refrigerante al evaporador (kW)
- P_{abs}: potencia eléctrica absorbida por la máquina (kW)

$$CEE_v = W_{cds}/P_{abs}$$

- CEE_v: coeficiente de eficiencia energética en modo frigorífico
- W_{cds}: potencia cedida por el refrigerante al condensador (kW)
- P_{abs}: potencia eléctrica absorbida por la máquina (kW)

Las potencias W_{evp}, W_{cds} y P_{abs} se calculan de acuerdo con las siguientes ecuaciones:

$$W_{evp}=Q_{vap} \times \Delta i_{evp}$$

- W_{evp}: potencia absorbida por el refrigerante
- Q_{vap}: caudal másico o desplazamiento volumétrico del compresor
- Δi_{evp}: diferencia de entalpías en el evaporador

$$W_{cds}=Q_{vap} \times \Delta i_{cds}$$

- W_{cds}: potencia cedida por el refrigerante al condensador
- Q_{vap}: caudal másico o desplazamiento volumétrico del compresor
- Δi_{cds}: diferencia de entalpías en el condensador

El caudal másico o desplazamiento volumétrico del compresor se obtiene al multiplicar el caudal volumétrico V (m^3/s) por la densidad del fluido ρ (kg/m^3).

$$Q = V \times \rho$$

Para el cálculo de la potencia eléctrica, se deberá tener en cuenta si el suministro es monofásico o trifásico:

Suministro monofásicos	Suministro trifásicos
$P_{abs} = (V \times I \times \cos\varphi)/1.000$	$P_{abs} = (\sqrt{3} \times V \times I \times \cos\varphi)/1.000$

- P_{abs}: potencia eléctrica absorbida por el equipo
- V: tensión de la instalación (230 V en sistemas monofásicos y 400 en sistemas trifásicos)
- I: intensidad consumida por el equipo en funcionamiento
- cosφ: coseno de φ del equipo indicado por el fabricante

Importante

El caudal másico del compresor se obtiene de las tablas y curvas de funcionamiento proporcionadas por el fabricante. Es necesario conocer las condiciones entorno.

En el caso de que en la instalación se encuentren varios compresores conectados en paralelo, se deben sumar los valores correspondientes al caudal másico o desplazamiento volumétrico y a la potencia eléctrica individual para obtener un único valor.

Para determinar las entalpías es necesario utilizar los diagramas de presión-entalpía (diagramas P-h) correspondientes al refrigerante que se utiliza en el sistema de climatización.

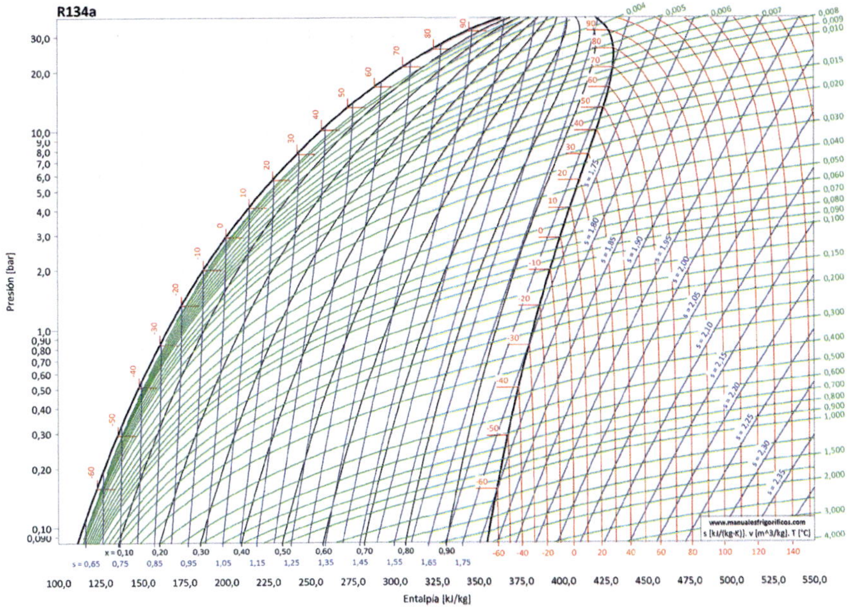

Diagrama P-h correspondiente al refrigerante R134a

En internet hay páginas en las que se pueden obtener las propiedades del agente frigorígeno.

Actividades

3. Busque y compare las tablas de propiedades de estado para diferentes gases refrigerantes.
4. Identifique las distintas secciones que se recogen en un diagrama P-h y asígnelas con los elementos de la instalación a los que hace referencia.

No se debe olvidar que los valores de presión que se recogen en las tablas de propiedades de estado de los refrigerantes son presiones absolutas, que corresponden a la suma de la presión del agente y la presión atmosférica de la ubicación en el momento de realizar la medida, por lo que los valores pueden variar.

Cada tabla es específica para un tipo de agente frigorígeno y no se debe usar con otros, aunque la instalación esté trabajando con los mismos valores de presión.

Actividades

5. Analice la información que se recoge en el diagrama de Mollier con respecto al comportamiento del gas refrigerante.
6. Investigue acerca de la época en la que es más adecuado realizar las medidas del rendimiento de las instalaciones de climatización y calefacción.
7. Acceda al catálogo de un fabricante de sistemas de climatización y localice el rendimiento de distintos equipos recogidos en el mismo.
8. ¿Influye en el rendimiento del equipo la altitud a la que se encuentra instalado?

Método indirecto

El método denominado indirecto se basa en la evaluación de las condiciones de los fluidos externos a la máquina. Este método es el más utilizado, aunque presenta problemas de medición en algunos parámetros, algunos de los cuales deberán ser facilitados por los propios fabricantes de los equipos.

Para el cálculo del rendimiento instantáneo de una máquina frigorífica por el método indirecto, se utilizan las mismas ecuaciones que en el método directo:

$$CEE_v = W_{evp}/P_{abs}$$

- CEE_v: coeficiente de eficiencia energética en modo frigorífico
- W_{evp}: potencia absorbida por el refrigerante (kW)
- P_{abs}: potencia eléctrica absorbida por la máquina (kW)

$$CEE_v = W_{cds}/P_{abs}$$

- CEE_v: coeficiente de eficiencia energética en modo bomba de calor
- W_{cds}: potencia cedida por el refrigerante al condensador (kW)
- P_{abs}: potencia eléctrica absorbida por la máquina (kW)

Las potencias instantáneas W_{evp} y W_{cds} se deben calcular desde el lado exterior de los intercambiadores. Las expresiones para sus cálculos son:

$$W = K \times A \times \Delta T$$
$$W = Q_1 \times Ce_1 \times \Delta T_1 = Q_2 \times Ce_2 \times \Delta T_2$$

- W: potencia térmica transferida entre los fluidos del circuito primario y secundario, en kW
- K: coeficiente global de transmisión de calor entre los fluidos primario y secundario en kW/m^2 K.
- A: superficie total de intercambio térmico del intercambiador, entre los fluidos primario y secundario, en m^2.
- ΔT: diferencia de temperatura a efectos del intercambio de calor, expresada en grados Kelvin o en grados centígrados
- Q_1 y Q_2: caudales másicos de los fluidos primario y secundario en kg/s

El caudal másico o desplazamiento volumétrico del compresor se obtiene al multiplicar el caudal volumétrico V (m^3/s) por la densidad del fluido ρ (kg/m^3).

$$Q = V \times \rho$$

Ce_1 y Ce_2: calor específico de los fluidos primario y secundario, expresado en kJ/kg K

Para el cálculo de la potencia eléctrica, se deberá tener en cuenta si el suministro es monofásico o trifásico:

Suministro monofásicos	Suministro trifásicos
$P_{abs} = (V \times I \times \cos\varphi)/1.000$	$P_{abs} = (\sqrt{3} \times V \times I \times \cos\varphi)/1.000$

- P_{abs}: potencia eléctrica absorbida por el equipo
- V: tensión de la instalación (230 V en sistemas monofásicos y 400 en sistemas trifásicos)
- I: intensidad consumida por el equipo en funcionamiento
- cosφ: coseno de φ del equipo indicado por el fabricante

La potencia térmica transferida a los fluidos exteriores, en función del tipo de fluido utilizado como medio caloportador, en los intercambiadores utilizados en las máquinas frigoríficas de uso común, se determina a partir de las siguientes ecuaciones:

- Potencia térmica transferida al agua o salmuera exterior en un evaporador:

$$W_{EVP} = V_W \times pw \times Ce_W \times (T_{EW} - T_{SW})$$

- Potencia térmica transferida al agua o salmuera exterior en un condensador:

$$W_{CDS} = V_W \times pw \times Ce_W \times (T_{SW} - T_{EW})$$

- Potencia térmica transferida al agua o salmuera exterior en un intercambiador para recuperación de calor, condensador auxiliar de recuperación, *desuperheater* o cualquier otro intercambiador de calor entre el fluido frigorígeno y agua o salmuera:

$$W_{REC} = V_W \text{ x } pw \text{ x } Ce_W \text{ x } (T_{SW} - T_{EW})$$

- Potencia térmica (calor total) transferida al aire que circula por el exterior de un evaporador o de un recuperador de frío, agente frigorígeno-aire, o agua, o salmuera-aire:

$$W_{EVP} = W_{REC} = V_A \text{ x } P_A \text{ x } (i_{SA} - i_{EA})$$

- Potencia térmica (calor sensible) transferida al aire que circula por el exterior de un condensador o de un recuperador de calor, agente frigorígeno-aire, o agua, o salmuera-aire:

$$W_{CDS} = W_{REC} = V_A \text{ x } P_A \text{ x } Ce_A \text{ x } (Ts_{SA} - Ts_{EA})$$

Para realizar los cálculos correspondientes a las expresiones anteriores, se deben conocer los siguientes parámetros:

Ce_A

Es el calor específico (a presión constante) del aire que circula por el circuito externo del intercambiador en kJ/kg K.

Para la climatización de edificios, el calor específico del aire se considera constante con un valor de 1,003 kJ/kg K.

Ce_w

Es el calor específico (a presión constante) del fluido caloportador, líquido que circula a través del circuito externo del intercambiador que se está analizando en kJ/kg K.

Para el agua se considera un calor específico constante de 4,18 kJ/kg K. Cuando se utilicen anticongelantes se recomienda solicitar el dato de calor específico del producto al fabricante.

i_{EA}

Es la entalpía específica del aire húmedo a la entrada del evaporador de una batería de refrigeración o cualquier tipo de intercambiador, en kJ/kg.

No es posible medirla directamente, por lo que se debe usar un diagrama psicrométrico, a la presión de trabajo. Mediante los valores de temperatura de bulbo seco Ts_{EA} y de bulbo húmedo Th_{EA} (o humedad relativa), se determinará gráficamente el valor correspondiente a la entalpía específica.

i_{SA}

Es la entalpía específica del aire húmedo a la salida del intercambiador o batería de refrigeración en kJ/kg.

El procedimiento es idéntico al expuesto en el parámetro anterior, con la particularidad de que se usarán los parámetros Ts_{SA} y Th_{SA}.

Estos valores de entalpía del aire se pueden obtener directamente mediante aplicaciones específicas de *software* para cálculos psicrométricos.

P_a

Es la densidad (o peso específico) del aire que circula por el circuito externo del intercambiador de calor en kg/m^3.

Este valor suele estar próximo a 1,2 kg/m^3.

P_w

Es la densidad (o peso específico) del fluido caloportador líquido que circula a través del circuito externo del intercambiador, en kg/dm^3 o kg/m^3.

Para el agua, se considera una densidad de 1 kg/dm^3. Para salmueras o líquidos anticongelantes, se deben pedir estos datos a los fabricantes o medir la densidad de la solución de forma directa mediante un densímetro, comparándola con una muestra del fluido utilizado.

T_{EW}

Es la temperatura de entrada del fluido caloportador líquido al intercambiador, en °C o °K. Se medirá mediante termómetros o termopares, preferentemente con sensores de inmersión.

Los valores de temperatura se tomarán *in situ,* en cada instalación concreta, empleando termómetros o termopares contrastados, preferentemente con sensores de inmersión. Si no existieran estos elementos, podrán utilizarse los termómetros existentes en la instalación, siempre que ofrezcan la fiabilidad y precisión suficientes, si es posible utilizando el mismo termómetro para efectuar todas las tomas de datos, con el fin de eliminar errores sistemáticos. No es recomendable el uso de termopares o sensores de temperatura de contacto, por la falta de precisión en las medidas a las que pueden dar lugar.

Th_{EA}

Es la temperatura de bulbo húmedo a la entrada del aire en el intercambiador de calor.

Los valores de temperatura seca del aire (o de bulbo seco) se tomarán *in situ,* en cada instalación concreta, empleando termómetros o termopares contrastados, preferentemente con sensores de inmersión o de ambiente, que se deberán situar en las zonas centrales del flujo o en un punto en el que las condiciones del flujo del aire se consideren homogéneas. Hay que evita acercar demasiado los elementos sensibles de medida a la superficie de las baterías de intercambio térmico, para que las medidas de temperatura en la masa del aire no se vean afectadas por las temperaturas superficiales de las baterías.

Th_{SA}

Es la temperatura de bulbo húmedo (o temperatura húmeda) del aire a la salida del aire del intercambiador o batería de intercambio térmico, expresada en °C o °K, como la temperatura seca.

La temperatura de bulbo húmedo se medirá mediante termómetros de bulbo húmedo o psicrómetros, calibrando al mismo tiempo la temperatura de bulbo seco. El agua que impregna la mecha del termómetro húmedo debe estar a la misma temperatura que el flujo de aire.

Las mediciones correspondientes a las temperaturas húmedas pueden sustituirse por la medición de la humedad relativa del aire mediante un higrómetro.

Ts_{EA}

Es la temperatura de bulbo seco a la entrada del aire en el intercambiador de calor en °C o °K.

Son válidas las consideraciones y recomendaciones establecidas para el Ts_{sa}.

Ts_{SA}

Es la temperatura de bulbo seco a la salida del aire del intercambiador de calor expresada en °C o °K.

Los valores de temperatura seca del aire (o de bulbo seco) se tomarán *in situ,* en cada instalación concreta, empleando termómetros o termopares contrastados, preferentemente con sensores de inmersión o de ambiente, que se deberán situar en las zonas centrales del flujo o en un punto en el que las condiciones del flujo del aire se consideren homogéneas, evitando acercar demasiado los elementos sensibles de medida a la superficie de las baterías de intercambio térmico, para que las medidas de temperatura en la masa del aire no se vean afectadas por las temperaturas superficiales de las baterías.

Durante la toma de datos se deberá evitar que la persona que la realice cree interferencias en el flujo de aire o perturbe las medidas obtenidas con el termómetro.

T_{SW}

Es la temperatura de salida del fluido caloportador líquido al intercambiador, en °C o K. Son válidas todas las indicaciones realizadas para el T_{EW}.

V_A

Es el caudal volumétrico de aire que circula por el circuito exterior de un evaporador, condensador o cualquier tipo de intercambiador de calor de una máquina frigorífica, expresada en l/s, m^3/s o m^3/h.

Este valor se puede medir directamente mediante un anemómetro digital o mediante forma indirecta mediante la siguiente expresión:

$$V_A = V_m \times A$$

- V_A: caudal volumétrico en m
- V_m: velocidad media de circulación en m/s.
- A: sección de paso de aire en m^2.

W_{EVP}

Es la potencia térmica instantánea absorbida por el fluido caloportador externo en el evaporador o en un intercambiador de calor para refrigeración, expresada en kW.

Puede ser medida directamente, en las enfriadoras de agua, utilizando un contador de energía intercalado en la tubería del circuito exterior del evaporador.

W_{CDS}

Es la potencia térmica instantánea cedida por un fluido caloportador externo en el condensador de la máquina frigorífica o en el intercambiador para calefacción o para recuperación de calor, de cualquier tipo expresada en kW.

La energía térmica transferida puede medirse directamente mediante un contador de energía, de la misma manera que se mide el W_{EPV}.

W_{REC}

Es la potencia térmica instantánea transferida a un fluido caloportador externo en cualquier tipo de intercambiador de calefacción o refrigeración expresada en kW.

V_W

Es el caudal volumétrico de un fluido caloportador líquido a través de un intercambiador de calor en l/s, m^3/s o m^3/h.

Si no se dispusiera de caudalímetro fijo en la instalación para medir dicho caudal, se puede recurrir a los siguientes procedimientos indirectos de cálculo:

- Midiendo las presiones de entrada y salida del fluido al intercambiador: la diferencia entre las presiones de entrada y salida representa la pérdida de carga en el intercambiador. Mediante la curva del caudal de la pérdida de carga del intercambiador se obtiene el caudal en función de la pérdida calculada. Las curvas características de los intercambiadores de calor deben facilitarse por los fabricantes, para cada caso concreto.
- Midiendo la presión neta instantánea con la que está funcionando la bomba (o bombas) que se utilicen para la recirculación del fluido a través del intercambiador, por diferencia entre las lecturas de un manómetro situado alternativamente en la aspiración y en la descarga de la bomba. Las curvas características de las bombas deben ser facilitadas por los fabricantes y formar parte imprescindible de la documentación técnica de cualquier instalación térmica.

- Midiendo el consumo instantáneo de la bomba (o bombas) y determinando la potencia absorbida. Trasladando posteriormente los valores de presión y potencia obtenidos a las curvas características de caudal-presión y caudal-potencia de la bomba (o bombas), determinando el caudal teórico en circulación por coincidencia de las lecturas sobre las respectivas curvas.

Aplicación práctica

Calcule el coeficiente de eficiencia energética del lado condensador de un equipo que presenta las siguientes características:

- **El caudal volumétrico del fluido caloportador (v_m) es de 12 m³/s.**
- **La temperatura de bulbo seco a la salida del aire del intercambiador (Ts_{SA}) es de 45 °C.**
- **La temperatura de bulbo seco a la entrada de aire en el intercambiador (Ts_{EA}) es de 30 °C.**
- **La intensidad consumida por el equipo (I_T) es de 200 A.**
- **La tensión de alimentación suministrada (V_F) es trifásica a 400 V.**

De acuerdo con la información suministrada por el fabricante, la sección de paso de aire del equipo (A) tiene un valor de 1,5 m².

Para los valores de densidad del aire (pa) y calor específico del aire (Ce_A), se han tomado 1,2 kg/m³ y 1.003 kJ/kg, respectivamente.

SOLUCIÓN

Inicialmente se debe calcular el caudal volumétrico de aire (VA) mediante la siguiente expresión:

$$\mathbf{V_A = V_m \times A}$$

$$V_A = 12 \times 15$$

$$V_A = 18 \text{ m}^3/\text{s}$$

Continúa en página siguiente >>

<< Viene de página anterior

Para calcular la potencia térmica transferida al aire en el condensador se utilizará la siguiente expresión:

$$\mathbf{W_{CDS} = V_A \times P_A \times Ce_A \times (Ts_{SA} - Ts_{EA})}$$

$$W_{CDS} = 18 \times 1{,}2 \times 1.003 \times (45 - 30)$$

$$W_{CDS} = 324{,}97 \text{ kW}$$

Para calcular la potencia eléctrica absorbida por el motor trifásico, se considerará que este tiene un $\cos\varphi$ de 0,8.

$$\mathbf{P_{abs} = (\sqrt{3} \times V \times I \times \cos\varphi)/1.000}$$

$$P_{abs} = (\sqrt{3} \times 400 \times 200 \times 0{,}8)/1.000$$

$$P_{abs} = 110{,}85 \text{ kW}$$

El cálculo del coeficiente de eficiencia energética del lado condensador (CEEC) de este equipo es:

$$\mathbf{CEE_c = W_{cds}/P_{abs}}$$

$$CEE_c = 324{,}97/110{,}85$$

$$CEE_c = 2{,}93$$

4.2. Condiciones de toma de medidas

Para tomar las medidas de la instalación se recomienda que el sistema se encuentre cercano al 100 % de sus condiciones de funcionamiento, para poder comparar los datos recogidos con los ofrecidos por el fabricante.

Una buena práctica es tomar las medidas tres veces y calcular su valor medio, para garantizar que las mediciones y los datos recogidos son correctos.

Recuerde

Los catálogos de los fabricantes recogen los valores correspondientes al funcionamiento del equipo a plena carga.

Para tratar de conseguir que los datos recogidos sean correctos se recomienda:

- Realizar las mediciones en situaciones estables de funcionamiento del sistema.
- Asegurarse de que el sistema ha funcionado con normalidad al menos 15 min antes de medir los parámetros de la instalación.
- No modificar los valores de los equipos de medida ni falsear los datos anotados en la hoja de registro.
- No manipular los elementos de la instalación mientras esta está funcionando.

Antes de llevar a cabo la toma de datos del sistema se debe:

- Recopilar y disponer de la documentación necesaria para realizar la toma de datos.
- Definir las condiciones de rendimiento y eficiencia que debe tener el sistema para medir las magnitudes de la ficha de datos.
- Recopilar información sobre las modificaciones o reparaciones que se hayan realizado sobre el sistema o los equipos de este.
- Documentarse acerca de los equipos que conforman el sistema, catálogos, manuales de funcionamiento, curvas de caudal, etc.
- Conocer las prestaciones de los compresores.

Importante

Las mediciones se deben realizar procurando que no se produzcan cambios en las condiciones de funcionamiento del sistema y de los equipos que lo integran.

El RITE, en su IT 2.4, sobre la eficiencia energética, establece que será la empresa instaladora la responsable de realizar y documentar las pruebas de eficiencia energética de la instalación, entre las que se definen:

a. *Comprobar el funcionamiento de la instalación en las condiciones de régimen.*
b. *Comprobar la eficiencia energética de los equipos de generación de calor y frío en las condiciones de trabajo.*
c. *Comprobar los intercambiadores de calor, climatizadores y demás equipos en los que se efectúe una transferencia de energía térmica.*
d. *Comprobar la eficiencia y la aportación energética de la producción de los sistemas de generación de energía de origen renovable.*
e. *Comprobar el funcionamiento de los elementos de regulación y control.*
f. *Comprobar las temperaturas y los saltos térmicos de todos los circuitos de generación, distribución y las unidades terminales en las condiciones de régimen.*
g. *Comprobar los consumos energéticos y que sus valores están dentro de los márgenes previstos en el proyecto o memoria técnica.*
h. *Comprobar el funcionamiento y la potencia absorbida por los motores eléctricos en las condiciones reales de trabajo.*
i. *Comprobar las pérdidas térmicas de distribución de la instalación hidráulica.*

4.3. Valores admisibles

El rendimiento de un equipo categoriza su eficiencia energética, por lo que se deben verificar los valores ERR y COP que se establecen en su etiqueta energética.

Importante

EL RITE, en la instrucción técnica IT 2.4, referida a la eficiencia energética, establece que el rendimiento del generador de calor no debe ser menor en más de 5 unidades del límite inferior del rango marcado para la categoría indicada en el etiquetado energético del equipo.

	SEER	SCOP
A+++	SEER ≥ 8,50	SCOP ≥ 5,10
A++	6,10 ≤ SEER < 8,50	4,60 ≤ SCOP< 5,10
A+	5,60 ≤ SEER < 6,10	4,00 ≤ SCOP< 4,60
A	5,10 ≤ SEER < 5,60	3,40 ≤ SCOP< 4,00
B	4,60 ≤ SEER < 5,10	3,10 ≤ SCOP< 3,40
C	4,10 ≤ SEER < 4,60	2,80 ≤ SCOP< 3,10
D	3,60 ≤ SEER < 4,10	2,50 ≤ SCOP< 2,80
E	3,10 ≤ SEER < 3,60	2,20 ≤ SCOP< 2,0
F	2,60 ≤ SEER < 3,10	1,90 ≤ SCOP<≤ 2,20
G	SEER < 2,60	SCOP < 1,90

Relación de las clases energéticas con los valores admisibles de SEER y COP

Actividades

9. Busque en internet programas o páginas que permitan realizar los cálculos psicrométricos del aire.

5. Rendimiento y eficiencia energética de ventiladores

Para obtener el rendimiento de un ventilador se debe contemplar la información que el fabricante recoge en la placa de características que incorpora el propio aparato. Aunque no hay que olvidar que el paso del tiempo influye en su rendimiento del mismo modo que le sucede al resto de elementos de la instalación, que se degradan con el paso del tiempo y el uso.

Importante

Mediante las tareas de mantenimiento y el control de las condiciones de uso, se trata de mantener unas condiciones de funcionamiento y rendimiento cercanas a las que existían cuando el equipo era nuevo.

Para conocer el rendimiento de un ventilador se utiliza la siguiente expresión:

$$\eta_{ventilador} = P_{aire} / P_{abs}$$

- $\eta_{ventilador}$: rendimiento energético del ventilador
- P_{aire}: potencia entregada al aire por el ventilador (W)
- P_{abs}: potencia eléctrica absorbida (W)

No debe confundirse el rendimiento energético con el mecánico: el primero tiene en cuenta la energía eléctrica que absorbe el ventilador en su funcionamiento, mientras que el segundo tiene en cuenta la energía transmitida al motor.

Para calcular la potencia entregada al aire se debe utilizar la siguiente expresión:

$$P_{aire} = Q \times P_t \times g$$

- P_{aire}: potencia entregada al aire por el ventilador (W)
- Q: caudal de aire (m^3/s)
- P_t: presión del aire (mm.c.d.a.)
- g: aceleración de la gravedad (9,8 m/s^2)

Para el cálculo de la potencia eléctrica absorbida por el equipo, hay que determinar el modo de suministro de este para adecuar el cálculo a dicho sistema.

Suministro monofásicos	Suministro trifásicos
$P_{abs} = (V \times I \times \cos\varphi)/1.000$	$P_{abs} = (\sqrt{3} \times V \times I \times \cos\varphi)/1.000$

- P_{abs}: potencia eléctrica absorbida por el equipo
- V: tensión de la instalación (230 V en sistemas monofásicos y 400 en sistemas trifásicos)
- I: intensidad consumida por el equipo en funcionamiento
- $\cos\varphi$: coseno de φ del equipo indicado por el fabricante

Si no se especifica un factor de potencia ($\cos\varphi$) en el equipo, se puede utilizar el valor de 0,85, que es el valor normalizado en los equipos.

Aplicación práctica

Determine el rendimiento de un ventilador monofásico de una instalación de climatización cuyo caudal de aire es de 0,4 m/s, cuyo consumo es de 0,6 amperios y cuya presión para el caudal de aire tratado es de 10 mm. c.d.a.

SOLUCIÓN

Para calcular el rendimiento, primero se deben calcular la potencia absorbida por el ventilador y la potencia absorbida.

El motor del ventilador es un motor monofásico. Al no tener más información, se considerará que el cosφ es de 0,85.

$$P_{abs} = (V \times I \times \cos\varphi)/1.000 = (320 \times 0{,}6 \times 0{,}85)/1.000 = 0{,}1173 \text{ kW} = 117{,}3 \text{ W}$$

$$P_{aire} = Q \times P_t \times g = 0{,}4 \times 10 \times 9{,}8 = 39{,}2 \text{ W}$$

A continuación, se debe usar la siguiente expresión:

$$\eta_{ventilador} = P_{aire}/P_{abs} = 39{,}2/117{,}3 = 0{,}3341 = 33{,}41\ \%$$

Actividades

10. Calcule el rendimiento energético de un ventilador monofásico que consume 1 A a 230 V y mueve un caudal de aire de 0,60 m³/s. De acuerdo con el catálogo del fabricante, la presión de aire es de 16 mm.c.d.a.

6. Rendimiento y eficiencia energética de las unidades terminales

Las unidades terminales (UTA) son los equipos responsables de transmitir el calor a los locales que deben climatizar y repartir el agua que procede de las unidades terminales (*fancoils,* techos radiantes, etc.).

Recuerde

Las unidades terminales deben disponer de una entrada y salida de agua para poder transmitir su energía.

Al igual que sucede con los ventiladores, el rendimiento de una unidad terminal se puede calcular utilizando la siguiente expresión:

$$\eta_{uta} = P_{útil}/P_{abs}$$

- η_{uta}: rendimiento energético de la unidad terminal
- $P_{útil}$: potencia útil de salida (W)
- P_{abs}: potencia eléctrica absorbida (W)

La potencia eléctrica absorbida es la suma de las potencias de los distintos equipos que componen la unidad terminal. Esta potencia se obtendrá mediante la suma de las potencias individuales consumidas, o por medición del consumo global de la instalación.

Habitualmente, en la placa de características de una unidad terminal el fabricante establece los valores de potencia útil a plena carga, con un salto de temperatura entre la entrada y salida, pudiendo calcularse para el caso de que cambien las condiciones de temperatura aplicando la siguiente expresión:

$$P_{útil} = P_n \times (\Delta t / \Delta t_n)^n$$

- $P_{útil}$: potencia útil de salida (W)
- P_n: potencia nominal (W)
- Δt: diferencia de temperatura en condiciones actuales (°C)
- Δt_n: diferencia de temperatura en condiciones nominales (°C)
- n: exponente indicado por la UTA

Si se desea calcular la diferencia de temperatura en función de las condiciones ambientales en el momento de realizar la medida, se debe utilizar la siguiente expresión:

$$\Delta t = (T_{entrada} + T_{salida})/2 - T_{ambiente}$$

- Δt: diferencia de temperatura en condiciones actuales (°C)
- $T_{entrada}$: temperatura del agua a la entrada del equipo (°C)
- T_{salida}: temperatura del agua a la salida del equipo (°C)
- $T_{ambiente}$: temperatura ambiente (°C)

Aplicación práctica

Calcule el rendimiento de un equipo dadas las siguientes magnitudes del sistema:

Temperatura de entrada	**7 °C**
Temperatura de salida	**15 °C**
Temperatura ambiente	**25 °C**
Intensidad de funcionamiento	**5,5 A**
Potencia nominal	**1.200 W**
cos φ	**0,9**

Continúa en página siguiente >>

<< Viene de página anterior

De acuerdo con el fabricante del equipo, se obtienen las siguientes magnitudes:

- **Temperatura de entrada** **6 °C**
- **Salto de temperatura** **5 °C**
- **Temperatura ambiente** **28 °C**
- η **1,3**

SOLUCIÓN

Lo primero que se debe tener en cuenta es que las potencias útil y nominal son diferentes, puesto que el equipo no funciona en las mismas condiciones que las establecidas en la placa de características del equipo indicadas por el fabricante, por lo que se deben calcular las diferencias de temperatura en las condiciones nominales y en las de funcionamiento del equipo.

La diferencia de temperatura en condiciones normales de funcionamiento:

$$\Delta t = (T_{entrada} + T_{salida})/2 - T_{ambiente} = (7 + 15)/2 - 25 = -14\ °C$$

La diferencia de temperatura en condiciones nominales de funcionamiento:

$$\Delta t = (T_{entrada} + (T_{entrada} + \text{salto de temperatura}))/2 - T_{ambiente}$$
$$\Delta t = 6 + (6 + 5)/2 - 28 = -19{,}5\ °C$$

Una vez determinadas las variaciones de temperatura, se puede calcular la potencia útil del equipo:

$$P_{útil} = P_n \times (\Delta t/\Delta t_n)^n = 1.200 \times (-14/-19{,}5)^{1,3} = 780{,}02\ W$$

Continúa en página siguiente >>

<< Viene de página anterior

Seguidamente se calculará la potencia absorbida por el equipo para el suministro monofásico:

$$P_{abs} = (V \times I \times \cos\varphi)/1.000 = (230 \times 5{,}5 \times 0{,}9)/1.000 = 1{,}1385 \text{ kW} = 1138{,}5 \text{ W}$$

Una vez que se dispone de todos los parámetros necesarios para calcular el rendimiento, se procede a sustituir los valores en la siguiente expresión:

$$\eta_{uta} = P_{útil}/P_{abs} = 780{,}02/1138{,}5 = 0{,}6851 = 68{,}51\ \%$$

Actividades

11. ¿Qué valor del cosφ se debe tomar para un ventilador que dispone de placa de características, para calcular la potencia que consume? Y si no dispone de placa de características, ¿qué valor se debe tomar?

7. Equipo de recuperación de energía

Los intercambiadores de aire-aire son los equipos de recuperación de energía mediante los que se aprovecha el aire expulsado por el sistema para calentar el que se impulsa de nuevo a la instalación.

Este proceso de recuperación de aire es obligatorio tenerlo en cuenta a la hora del dimensionado de los equipos, puesto que, cuanto mayor sea su utilización, los equipos deben recuperar un mayor caudal de aire aumentando la eficiencia energética del circuito.

En aquellas instalaciones en las que el caudal de aire expulsado al exterior por medios mecánicos sea superior a los 0,5 m^3/s, es obligatoria la instalación de un recuperador de calor del aire expulsado.

Esquema de funcionamiento de un recuperador de calor

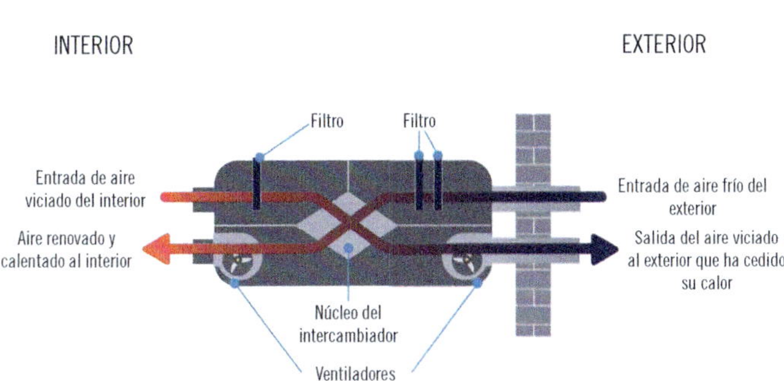

7.1. Tipos y características

Los equipos de recuperación de energía pueden clasificarse atendiendo a:

- **Posibilidad de impulsión del aire:**
  - **Recuperadores estáticos:** no incorporan ningún sistema de impulsión del aire (ventiladores), por lo que la velocidad del flujo la establece el propio sistema de ventilación.
  - **Recuperadores dinámicos:** incorporan ventiladores en el interior de los equipos para forzar la circulación del aire. Pueden considerarse como sistemas de ventilación por sí mismos, lo que aumenta su eficiencia.
- **Atendiendo a su forma constructiva:**
  - **Recuperadores de flujos cruzados:** formados por un conjunto de placas de aluminio situadas de forma paralela entre ellas. Habitualmente estos recuperadores suelen tener forma cúbica, de manera que el aire de extracción y el exterior entran en el recuperador de forma perpendicular. El aire con mayor temperatura calienta las placas y ceden calor al aire que tiene una menor temperatura.

- **Recuperadores de flujos paralelos:** son similares a los recuperadores de flujos cruzados, pero en este caso el aire entra de forma paralela, con lo que aumenta la superficie de intercambio y mejora el rendimiento.
- **Recuperadores rotativos**: equipos constituidos por una carcasa que contiene en su interior un disco de aluminio con pequeños orificios. El aire del exterior entra por la mitad del disco y por la otra mitad entrará el aire impulsado, de forma que el giro del disco transferirá el calor de un flujo de aire a otro. Cuentan con un motor eléctrico para hacer que gire el disco. Además de la temperatura, también se intercambia la humedad que tenga el aire.

Recuperadores de placas

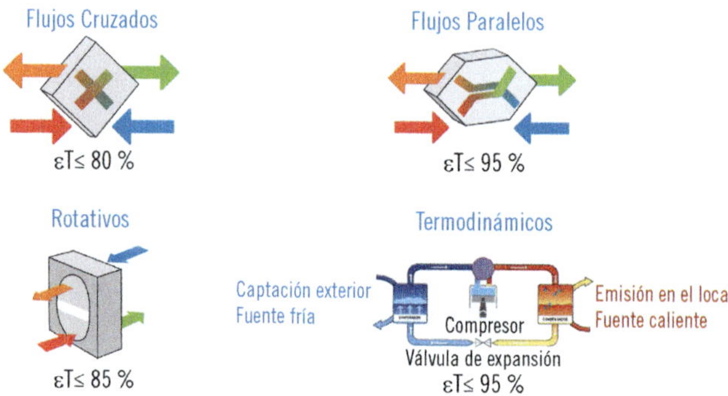

Recuerde

Los sistemas de climatización de los edificios en los que el caudal de aire expulsado al exterior por medios mecánicos sea superior a 0,5 m^3/s, se debe recuperar la energía del aire expulsado.

12. Analice las características y el principio de funcionamiento de los recuperadores de calor.
13. Realice un resumen con las características de los recuperadores de calor analizados en el apartado anterior.

7.2. Eficiencia mínima exigida

Se define la eficiencia de un recuperador como la relación existente entre la energía recuperada y la máxima que se podría recuperar. Se puede representar mediante la siguiente ecuación:

$$\varepsilon = \text{energía recuperada/energía recuperable}$$

El RITE establece en la IT 1.2.4.5.2, sobre la recuperación del calor del aire de extracción, las eficiencias mínimas de recuperación (%) y las pérdidas de presión máximas (Pa) en los recuperadores de calor según el caudal de aire exterior (m^3/s) y las horas anuales de funcionamiento del sistema.

Horas anuales de funcionamiento	Caudal de aire exterior (m^3/s)									
	>0,5...1,5		>1,5...3,0		>3,0...6,0		>6,0...12		> 12	
	%	Pa	%	Pa	%	Pa	%	Pa	%	Pa
≤ 2.000	40	100	44	120	47	140	55	160	60	180
> 2.000... 4.000	44	140	47	160	52	180	58	200	64	220
> 4.000... 6.000	47	160	50	180	55	200	64	220	70	240
> 6.000	50	180	55	200	60	220	70	240	75	260

Eficiencia de la recuperación (Tabla 2.4.5.1. del RITE)

Dentro de esta instrucción técnica, también se establece que, en las piscinas climatizadas, la energía térmica contenida en el aire expulsado debe ser recuperada, con una eficiencia mínima y unas pérdidas máximas de presión iguales a las indicadas en la tabla 1 para más de 6.000 horas anuales de funcionamiento, atendiendo al caudal de aire.

La pérdida de presión recogida en la tabla 1 hace referencia a la diferencia de presión existente entre la entrada y la salida del aire de impulsión en el intercambiador.

El uso de un sistema de recuperación de calor incrementa la potencia eléctrica consumida debido al consumo de los ventiladores, por lo que se debe verificar que el uso de equipos de recuperación no consume más energía que la que recupera.

8. Registro de consumos

El artículo 26 del RITE, referido al mantenimiento de las instalaciones, establece las instalaciones sobre las que se debe realizar un mantenimiento periódico, que corresponde con las siguientes:

- ***Instalaciones térmicas con potencia térmica nominal total instalada en generación de calor o frío igual o superior a 5 kW e inferior o igual a 70 kW:*** *que deberán ser mantenidas por una empresa homologada que realice el mantenimiento de la instalación de acuerdo con las condiciones establecidas en el manual de uso y funcionamiento de la instalación.*
- ***Instalaciones térmicas con potencia térmica nominal total instalada en generación de calor o frío mayor que 70 kW:*** *en este tipo de instalaciones, el titular de la instalación térmica debe suscribir un contrato de mantenimiento con una empresa homologada para que realice el mantenimiento de la instalación de acuerdo con las condiciones establecidas en el manual de uso y funcionamiento de la instalación.*
- ***Instalaciones térmicas cuya potencia térmica nominal total instalada sea mayor que 5.000 kW en calor y/o 1.000 kW en frío, así como las instalaciones de calefacción o refrigeración solar cuya potencia térmica sea mayor que 400 kW:*** *el titular de la instalación térmica debe suscribir un*

contrato de mantenimiento con una empresa homologada para que realice el mantenimiento de la instalación de acuerdo con las condiciones establecidas en el manual de uso y funcionamiento, desarrollándose las labores de mantenimiento bajo la supervisión de un técnico titulado competente con funciones de director de mantenimiento, tanto si es personal propio de la propiedad como externo a la misma.

En el artículo 27, sobre el registro de las operaciones de mantenimiento, se recoge la obligación de que toda instalación térmica disponga de un registro en el que queden recogidas todas las operaciones de mantenimiento y reparaciones que se produzcan en la instalación, y que se deben incorporar al libro del edificio.

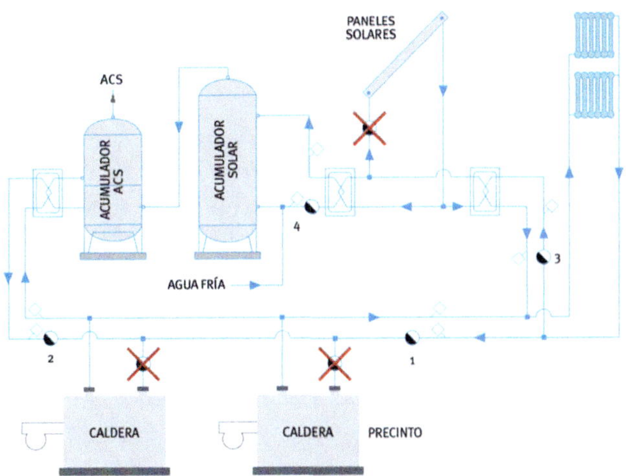

Ubicación de contadores de energía térmica en una central alimentada por combustibles fósiles

8.1. Registro energético de la central de generación

La empresa mantenedora debe recoger los datos energéticos relacionados con la generación de la energía térmica del sistema. Entre estos datos desatacan:

- **Energía eléctrica consumida** en kW: es la energía aportada a todo el sistema de climatización para aumentar o disminuir la temperatura.
- **Energía térmica útil aportada por el sistema de calefacción** en kWh: es la energía aprovechada y utilizada para aumentar la temperatura del local

que climatizar. Esta energía aportada dependerá de cómo sea el sistema y si está aislado correctamente o no.

- **Energía térmica útil aportada por el sistema de refrigeración** en kWh: es la energía aprovechada y utilizada para disminuir la temperatura del local que climatizar. Esta energía aportada dependerá de cómo sea el sistema y si está aislado correctamente o no.
- **Rendimiento estacional anual** *(REA)* en %: se obtiene mediante la aplicación de la siguiente fórmula.

$$\eta_{ea} = E_u/E_s \times 100$$

  - η_{ea}: rendimiento estacional anual
  - E_u: energía térmica útil a lo largo de un año (kWh)
  - E_s: energía suministrada al generador a lo largo de un año (kWh)

- **Rendimiento estacional anual corregido** *(REAc)* en %: corresponde al rendimiento estacional anual reducido por un coeficiente de emisiones generadas. Se obtiene de la aplicación de la siguiente fórmula.

$$\eta_{eac} = \Sigma E_u/(\Sigma(E_s \times K_e)) \times 100$$

  - η_{eac}: rendimiento estacional anual corregido
  - E_u: energía térmica útil a lo largo de un año (kWh)
  - E_s: energía suministrada al generador a lo largo de un año (kWh)
  - K_e: coeficiente de emisiones generadas

Los coeficientes de emisiones (Ke) corresponden a los factores de emisión de CO_2 de las distintas fuentes de energía suministrada que pueden utilizarse en las instalaciones de confort térmico. Algunos de estos coeficientes se recogen en las tablas siguientes:

Energía suministrada (térmica)	Coeficiente de emisiones (Ke)
Gas natural	1,0000
Gasóleo C	1,4069
GLP	1,1961
Carbón uso doméstico	1,7010
Biomasa	0
Biocarburantes	0
Solar térmica baja temperatura	0

*Coeficiente de emisiones (Ke) según la **energía térmica** suministrada*

Energía suministrada (eléctrica)	Coeficiente de emisiones (Ke)
Electricidad convencional peninsular	3,1814
Electricidad convencional extrapeninsular (Baleares, Canarias, Ceuta y Melilla)	4,8088
Solar fotovoltaica	0
Electricidad convencional horas valle nocturnas, para sistemas de acumulación eléctrica peninsular	2,5343
Electricidad convencional horas valle nocturnas, para sistemas de acumulación eléctrica extrapeninsular	4,8088

*Coeficiente de emisiones (Ke) según la **energía eléctrica** suministrada*

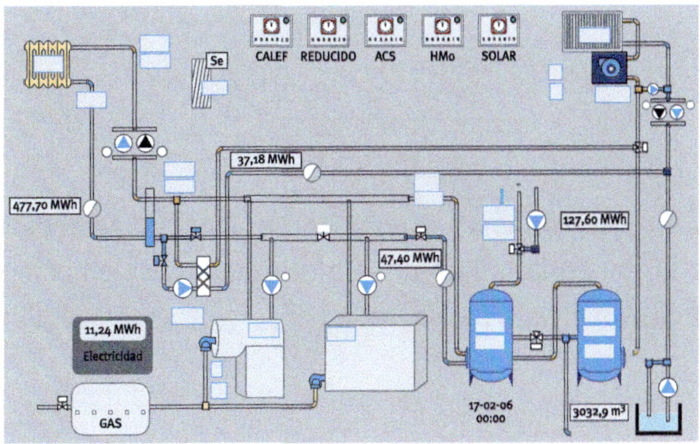

Control telemático de una central de generación mediante gas natural

- **Consumo unitario de electricidad para calefacción** *(Cuec)* en kWh/m^2: gasto energético anual debido a la generación en modo calefacción. Se obtiene mediante la siguiente fórmula.

$$C_{euc} = E_{ec}/S_c$$

  - C_{euc}: consumo unitario de electricidad en calefacción (kWh/m^2)
  - E_{ec} energía eléctrica consumo da en un año para calefacción (kWh)
  - S_c: superficie calefactada (m^2)

- **Consumo unitario de electricidad para refrigeración** *(Cuer)* en kWh/m^2: gasto energético anual debido a la generación en modo refrigeración. Se obtiene mediante la siguiente fórmula.

$$C_{uer} = E_{er}/S_r$$

  - C_{uer}: consumo unitario de electricidad en refrigeración (kWh/m^2)
  - E_{er} energía eléctrica consumo da en un año para calefacción (kWh)
  - S_r: superficie refrigerada (m^2)

- **Consumo unitario útil de calefacción** *(Cuuc):* parte de energía útil aprovechada para la calefacción.

$$C_{uuc} = E_{uc}/S_c$$

  - C_{uuc}: consumo de energía en un año de calefacción (kWh/m^2)
  - E_{uc}: energía útil en un año destinada a calefacción (kWh)
  - S_c: superficie calefactada (m^2)

- **Consumo unitario útil de refrigeración** *(Cuur):* parte de energía útil aprovechada para la refrigeración.

$$C_{uur} = E_{ur}/S_r$$

  - C_{uur}: consumo de energía en un año de refrigeración (kWh/m^2)
  - E_{ur}: energía útil en un año destinada a refrigeración (kWh)
  - S_r: superficie refrigerada (m^2)

- **Rendimiento estacional de generadores de calor** *(Regc):* rendimiento de los generadores cuando están en modo calefacción.

$$\eta_c=E_{ugc}/E_{sgc} \times 100$$

  - η_c: rendimiento de los generadores de calefacción
  - E_{ugc}: energía útil producida por los generadores de calefacción (kWh)
  - E_{sgc}: energía total consumida por los generadores de calefacción (kWh)

- **Coeficiente de eficiencia energética de los generadores de frio** *(Ceeg):* rendimiento de los generadores cuando están en modo calefacción.

$$\eta_f=E_{ugr}/E_{sgr} \times 100$$

  - $\eta_{f:}$ rendimiento de los generadores de refrigeración
  - E_{ugr}: energía útil producida por los generadores de refrigeración (kWh)
  - E_{sgr}: energía total consumida por los generadores de refrigeración (kWh)

Actividades

14. Explique el motivo por el cual los coeficientes de emisiones toman un valor 0 para los sistemas de biomasa, biocarburantes, energía solar térmica de baja temperatura y energía solar fotovoltaica.

Aplicación práctica

Determine el rendimiento anual estacional y el corregido de una instalación de climatización con las siguientes características:

Energía térmica útil	**270 MWh**
Energía eléctrica consumida	**5,3 MWh**
Energía gasóleo C consumida	**260 MWh**

SOLUCIÓN

El primer paso es calcular el rendimiento estacional anual de la instalación, para compararla posteriormente con el rendimiento corregido.

El rendimiento estacional anual se calcula mediante la siguiente expresión:

$$\eta_{ea} = E_u/E_s \text{ x } 100 = 270/(5{,}6 + 260) \text{ x } 100 = 101{,}77\ \%$$

Continúa en página siguiente >>

<< Viene de página anterior

A continuación, se debe calcular el rendimiento anual corregido, para lo cual será necesaria la constante de corrección del gasóleo C (1,4069) y de la electricidad (3,1814)

$$\eta_{eac} = \sum E_u/(\sum(E_s \times K_e)) \times 100$$

$$= E_u/((Es_{electricidad} \times Ke_{electricidad}) + (Es_{gasóleo\ C} \times Ke_{gasóleo\ C})) \times 100$$

$$= 270/((5{,}3 \times 3{,}1814) + (260 \times 1{,}4069)) \times 100 = 70{,}56\ \%$$

Una vez calculados los dos rendimientos, se puede comprobar que el valor más correcto es el último, puesto que ha tenido en cuenta las energías primarias consumidas por el sistema.

Importante

El registro de consumos debe llevarse a cabo sobre las instalaciones de agua caliente sanitaria (ACS), los sistemas de energía solar y los sistemas de calefacción que utilicen calderas de combustión.

8.2. Registro de consumos individuales

En los edificios que dispongan de un sistema de calefacción centralizado, deben registrarse, para cada uno de los usuarios del sistema, los siguientes aspectos:

- **Consumo individual de calefacción** o consumo unitario correspondiente al sistema de calefacción por usuario
- **Consumo individual de refrigeración** o consumo unitario correspondiente al sistema de refrigeración por usuario

- **Mermas de distribución en calefacción** (%):

$$MD_c = (Eu_c/\sum Eud_c - 1) \times 100$$

  - MD_c: mermas de distribución en calefacción
  - Eu_c: energía útil producida por el sistema de calefacción (kWh)
  - $\sum Eud_c$: suma de la energía útil consumida por cada usuario (kWh)

- **Mermas de distribución en refrigeración** (%):

$$MD_r = (Eu_r/\sum Eud_r - 1) \times 100$$

  - MDr: mermas de distribución en calefacción
  - Eu_r: energía útil producida por el sistema de calefacción (kWh)
  - $\sum Eud_r$: suma de la energía útil consumida por cada usuario (kWh)

Estos datos se deben recopilar, al menos, de forma mensual, de modo que sirvan para facturar estos consumos al usuario.

8.3. Registro del consumo de agua de llenado de los circuitos cerrados

La empresa mantenedora es la responsable de llevar a cabo un registro de los consumos de agua correspondientes al llenado de los circuitos de calefacción y refrigeración, para lo cual se podrán apoyar en la instalación de un contador para cada circuito.

A continuación, se detalla un ejemplo correspondiente al control de consumo de agua de los circuitos cerrados.

CONTROL DEL CONSUMO DE AGUA EN CIRCUITOS CERRADOS			
Dirección:	**Comunidad de propietarios de la calle Estambrera, 8**		
Fecha	**Lectura (m^3)**	**Consumo (m^3)**	**Observaciones**
12/01/2025	34,65		
14/02/2025	34,68	0,03	
14/03/2025	34,69	0,01	
13/04/2025	35,25	0,56	Avería en columna 3
12/05/2025	35,25	0,00	
14/06/2025	35,25	0,00	
13/07/2025	35,26	0,01	
12/08/2025	35,26	0,00	
13/09/2025	35,28	0,02	
14/10/2025	36,02	0,74	Vaciado y llenado de 4 viviendas
14/11/2025	36,08	0,06	
13/12/2025	36,09	0,01	
13/01/2025	36,11	0,02	
14/02/2025	36,14	0,03	

Ejemplo de consumo de agua para llenado de los circuitos de calefacción, refrigeración y ACS

Aplicación práctica

En la última visita que ha realizado a una instalación, de la que es responsable de mantenimiento, le han pedido que establezca el rendimiento estacional anual correspondiente a la instalación, para lo cual del registro de consumos ha obtenido los siguientes valores:

- **Energía térmica útil: 412,95 MWh**
- **Energía eléctrica consumida: 9,40 MWh**
- **Energía gas natural consumida: 245,28 MWh**

Continúa en página siguiente >>

<< Viene de página anterior

SOLUCIÓN

El primer paso que se debe realizar es establecer los eficientes de emisiones correspondientes a la electricidad y al gas natural, que son 3,1814 y 1 respectivamente para cada elemento.

Posteriormente se deben sustituir los datos en la siguiente expresión:

$$\eta_{eac} = \Sigma E_u/(\Sigma(E_s \times K_e)) \times 100$$
$$= E_u/((Es_{electricidad} \times Ke_{electricidad}) + (Es_{gasóleo\ C} \times Ke_{gasóleo\ C})) \times 100$$
$$= 412{,}95/((9{,}40 \times 3{,}1814)+(245{,}28 \times 1)) \times 100 = 150{,}06\ \%$$

9. Resumen

El RITE establece que las instalaciones cuya potencia nominal supere los 70 kW deben incorporar una serie de aparatos y equipos de medida, fijos o portátiles (se recogen dentro de la IT 1.3.4.3.5).

Todos los datos recolectados en las mediciones se deben incorporar a un fichero o registro, en el que se compararán los datos de la instalación en funcionamiento con los nominales, para evaluar el rendimiento y el funcionamiento de la instalación y de los equipos que la integran.

Para calcular el rendimiento de los generadores de frío se puede usar: el método directo, que se basa en la evaluación de las condiciones del fluido frigorígeno que interviene en el proceso termodinámico en los intercambiadores; o mediante el indirecto, que evalúa el rendimiento atendiendo a los fluidos externos del equipo.

La información de la instalación y de los equipos que intervienen en ella debe recogerse en el proyecto de la instalación o en los catálogos de los fabricantes, de forma que se puedan comparar los valores obtenidos en las mediciones que se lleven a cabo y evaluar si el funcionamiento del equipo o sistema es acorde a las condiciones nominales del mismo.

En aquellas instalaciones en las que el caudal de aire expulsado al exterior supere los 0,5 m^3, se deberá contar con un sistema de recuperación del calor, cuya eficiencia mínima se determina por la instrucción técnica 1.2.4.5.2.

Atendiendo a la potencia térmica nominal total de la instalación en la generación de calor o frío, estas deberán ser mantenidas por una empresa homologada o supervisadas por un técnico titulado competente.

El artículo 27 del RITE establece la obligación de que se registren, en el libro del edificio, las operaciones de mantenimiento que se realicen sobre la instalación térmica.

Ejercicios de repaso y autoevaluación

1. Indique si las siguientes afirmaciones son verdaderas o falsas:

a. La evaluación del rendimiento y la eficiencia de una instalación es una forma de analizar si el funcionamiento de esta es correcto.

- ☐ Falso
- ☐ Verdadero

b. Únicamente las instalaciones térmicas de calefacción están reguladas por el RITE.

- ☐ Falso
- ☐ Verdadero

c. La eficiencia energética únicamente se debe aplicar en la fase de mantenimiento.

- ☐ Falso
- ☐ Verdadero

2. Enumere cinco elementos que se deben controlar en las instalaciones cuya potencia térmica sea superior a los 70 kW.

____
____
____
____
____
____
____

3. ¿Qué equipo de medida es el utilizado para obtener datos de dos presiones distintas y que se pueden relacionar?

a. Termopar con sonda de contacto
b. Pinza amperimétrica
c. Puente de manómetros frigoríficos
d. Caudalímetro de aire

4. Defina el objetivo principal que se pretende al implantar la eficiencia energética en un sistema de climatización.

____
____
____
____

5. El método directo de cálculo del rendimiento de las instalaciones relaciona...

a. ... la potencia absorbida por el evaporador y la potencia absorbida por la máquina.
b. ... la potencia cedida por el condensador y la potencia absorbida por la máquina.
c. ... la potencia absorbida por el refrigerante y la potencia absorbida por la máquina.
d. ... la potencia cedida por el refrigerante y la potencia absorbida por la máquina.

6. Enumere los procedimientos indirectos de cálculo de caudal si en la instalación no existiera un caudalímetro fijo para medir el caudal volumétrico del fluido caloportador.

____
____
____
____
____
____
____

7. Para realizar el proceso de toma de medidas, la instalación debe...

a. ... estar en servicio, pero únicamente el sistema de ventilación.
b. ... estar cedida por el condensador y la potencia absorbida por la máquina.
c. ... estar en servicio, cercana al 100 % de la carga de trabajo.
d. ... estar fuera de servicio.

8. Complete la siguiente afirmación

Las ____________ se deben realizar procurando que ____________ se produzcan ____________ en las ____________ de funcionamiento del sistema y de los ____________ que lo integran.

9. La potencia eléctrica absorbida...

a. ... es la suma de las potencias de los equipos que integran la UTA.
b. ... se debe calcular, al depender de la temperatura exterior.
c. ... corresponde con el consumo global de la instalación.
d. Las opciones a y c son correctas.

10. En una instalación solar de calefacción o refrigeración solar, ¿a partir de qué potencia nominal superior debe suscribirse un contrato de mantenimiento y realizarse las labores de mantenimiento bajo la supervisión de un técnico titulado?

a. 10 kW
b. 40 kW
c. 200 kW
d. 400 kW

11. Enumere los aspectos que se deben registrar en un edificio que disponga de calefacción centralizada.

____
____
____
____
____
____
____

12. Complete la siguiente afirmación

La empresa ____________ es la ____________ de llevar a cabo un ____________ de los consumos de ____________ correspondientes al ____________ de los circuitos de ____________ y ____________, para lo cual se podrán apoyar en la instalación de un ____________ para cada ____________.

13. ¿Cuál será la potencia eléctrica absorbida por un motor que consume 2 A cuando se conecta a 230 V?

a. 115 W
b. 230 W
c. 460 W
d. No se puede calcular, falta el cosφ

14. Establezca una clasificación de los equipos de recuperación de energía atendiendo a su forma constructiva.

____
____
____
____

15. Defina lo que se entiende por *eficiencia mínima exigida.*

Bibliografía

Monografías

- GONZÁLEZ Martínez, A. et al.: *Manual práctico de climatización en edificios.* Paraninfo, 2018.

- OSTOS Hidalgo, P.: *Puesta en marcha y regulación de instalaciones de climatización y ventilación-extracción.* IC Editorial, 2021.

Legislación

- Real Decreto 178/2021, de 23 de marzo, por el que se modifica el Real Decreto 1027/2007, de 20 de julio, por el que se aprueba el RITE, transponiendo así la Directiva (UE) 2018/844 que modifica a su vez la Directiva 2010/31/UE relativa a la eficiencia energética de los edificios y la Directiva 2012/27/UE relativa a la eficiencia energética.

- Real Decreto 238/2013, por el que se modifican determinados artículos e instrucciones técnicas del RITE, transponiendo así la Directiva 2010/31/UE del Parlamento Europeo y del Consejo, de 19 de mayo de 2010, relativa a la eficiencia energética de los edificios

- Real Decreto 1027/2007, de 20 de julio, por el que se aprueba el Reglamento de Instalaciones Térmicas en los Edificios

- Real Decreto 314/2006, de 17 de marzo, por el que se aprueba el Código Técnico de la Edificación

Textos electrónicos, bases de datos y programas informáticos

- Comentarios RITE-2007, de: <https://www.idae.es/sites/default/files/documentos/publicaciones_idae/10540_comentarios_rite_a2007_2200d691.pdf>.

- ¿Cómo funciona el ciclo de refrigeración industrial?, de: <https://www.josebernad.com/como-funciona-el-ciclo-de-refrigeracion-industrial/>.

- Documentos reconocidos del RITE, de: <https://www.miteco.gob.es/es/energia/eficiencia/rite/documentos-reconocidos.html>

- *Guía sobre instalaciones centralizadas de calefacción, refrigeración y ACS (2022),* de: <https://www.fenercom.com/wp-content/uploads/2022/07/Guía-Instalaciones-Centralizadas-de-Calefacción-Refrigeración-y-ACS-vDigital.pdf>.

- Guía técnica: *Contabilización de consumos,* de: <https://www.idae.es/sites/default/files/documentos/publicaciones_idae/10540_contabilizacion_consumos_a2007.pdf>.

- Guía técnica: *Contabilización de consumos individuales de calefacción en instalaciones térmicas de edificios R. D. 736/2020,* de: <https://www.idae.es/sites/default/files/documentos/publicaciones_idae/guia_de_contabilidad_de_consumos_individuales_calefaccion_rd736_2020.pdf>.

- Guía técnica: *Diseño y cálculo del aislamiento térmico de conducciones, aparatos y equipos,* de: <https://www.idae.es/sites/default/files/documentos/publicaciones_idae/10540_diseno_y_calculos_aislamiento_aislam_a2007.pdf>.

- Guía técnica: *Diseño de sistemas de intercambio geotérmico de circuito cerrado,* de: <https://www.idae.es/sites/default/files/documentos/publicaciones_idae/documentos_14_guia_tecnica_diseno_de_sistemas_de_intercambio_geotermico_de_circuito_cerrado_1a7cff37.pdf>.

- Guía técnica: *Instalaciones de climatización con equipos autónomos,* de: <https://www.idae.es/uploads/documentos/documentos_17_Guia_tecnica_instalaciones_de_climatizacion_con_equipos_autonomos_f9d4199a.pdf>.

- Guía técnica: *Procedimientos para la determinación del rendimiento energético de plantas enfriadoras de agua y equipos autónomos de tratamiento de aire*, de: <https://www.idae.es/sites/default/files/documentos/publicaciones_idae/10540_plantas_enfriadoras_equip_tratamiento_aire_a2007.pdf>.

- *Manual de ventilación Soler & Palau*, de: <https://www.solerpalau.mx/ASW/recursos/mven/>.